清华大学优秀博士学位论文丛书

直流气体绝缘管道输电系统中气-固界面电荷特性研究

张博雅 (Zhang Boya) 著

Study on Characteristics of the Surface Charge
at Gas-Solid Interface
in DC Gas Insulated Transmission System

清华大学出版社

北 京

内 容 简 介

　　高压直流下的气-固界面电荷积聚问题是制约直流气体绝缘电力设备发展的瓶颈。本书首先研究了气-固界面电荷测量技术,建立了针对平移改变和平移不变两种系统的电荷反演算法;进一步研究了直流电压下气-固界面电荷积聚与消散特性,提出了气-固界面电荷积聚的两种模式,揭示了电荷积聚和消散机理;最后,从材料改性角度提出了抑制气-固界面电荷积聚的新方法。

　　本书可供高压直流气体绝缘设备研发领域的学者和科研人员阅读参考。

图书在版编目(CIP)数据

　　直流气体绝缘管道输电系统中气-固界面电荷特性研究/张博雅著. —北京:清华大学出版社,2022.10
　(清华大学优秀博士学位论文丛书)
　ISBN 978-7-302-61750-1

　　Ⅰ. ①直… Ⅱ. ①张… Ⅲ. ①直流输电线路-气体绝缘材料-气体-固体界面-电荷分布-研究 Ⅳ. ①TM726

　　中国版本图书馆 CIP 数据核字(2022)第 159031 号

责任编辑:戚　亚
封面设计:傅瑞学
责任校对:赵丽敏
责任印制:丛怀宇

出版发行:清华大学出版社
　　　　　网　　　址:http://www.tup.com.cn,http://www.wqbook.com
　　　　　地　　　址:北京清华大学学研大厦 A 座　　邮　　编:100084
　　　　　社 总 机:010-83470000　　　　　　　　　邮　　购:010-62786544
　　　　　投稿与读者服务:010-62776969,c-service@tup.tsinghua.edu.cn
　　　　　质量反馈:010-62772015,zhiliang@tup.tsinghua.edu.cn
印 装 者:三河市东方印刷有限公司
经　　销:全国新华书店
开　　本:155mm×235mm　　印　张:12.25　　字　　数:207 千字
版　　次:2022 年 12 月第 1 版　　　　　　　印　　次:2022 年 12 月第 1 次印刷
定　　价:89.00 元

产品编号:088953-01

一流博士生教育
体现一流大学人才培养的高度（代丛书序）[①]

人才培养是大学的根本任务。只有培养出一流人才的高校，才能够成为世界一流大学。本科教育是培养一流人才最重要的基础，是一流大学的底色，体现了学校的传统和特色。博士生教育是学历教育的最高层次，体现出一所大学人才培养的高度，代表着一个国家的人才培养水平。清华大学正在全面推进综合改革，深化教育教学改革，探索建立完善的博士生选拔培养机制，不断提升博士生培养质量。

学术精神的培养是博士生教育的根本

学术精神是大学精神的重要组成部分，是学者与学术群体在学术活动中坚守的价值准则。大学对学术精神的追求，反映了一所大学对学术的重视、对真理的热爱和对功利性目标的摒弃。博士生教育要培养有志于追求学术的人，其根本在于学术精神的培养。

无论古今中外，博士这一称号都和学问、学术紧密联系在一起，和知识探索密切相关。我国的博士一词起源于2000多年前的战国时期，是一种学官名。博士任职者负责保管文献档案、编撰著述，须知识渊博并负有传授学问的职责。东汉学者应劭在《汉官仪》中写道："博者，通博古今；士者，辩于然否。"后来，人们逐渐把精通某种职业的专门人才称为博士。博士作为一种学位，最早产生于12世纪，最初它是加入教师行会的一种资格证书。19世纪初，德国柏林大学成立，其哲学院取代了以往神学院在大学中的地位，在大学发展的历史上首次产生了由哲学院授予的哲学博士学位，并赋予了哲学博士深层次的教育内涵，即推崇学术自由、创造新知识。哲学博士的设立标志着现代博士生教育的开端，博士则被定义为独立从事学术研究、具备创造新知识能力的人，是学术精神的传承者和光大者。

---

① 本文首发于《光明日报》，2017年12月5日。

　　博士生学习期间是培养学术精神最重要的阶段。博士生需要接受严谨的学术训练，开展深入的学术研究，并通过发表学术论文、参与学术活动及博士论文答辩等环节，证明自身的学术能力。更重要的是，博士生要培养学术志趣，把对学术的热爱融入生命之中，把捍卫真理作为毕生的追求。博士生更要学会如何面对干扰和诱惑，远离功利，保持安静、从容的心态。学术精神，特别是其中所蕴含的科学理性精神、学术奉献精神，不仅对博士生未来的学术事业至关重要，对博士生一生的发展都大有裨益。

独创性和批判性思维是博士生最重要的素质

　　博士生需要具备很多素质，包括逻辑推理、言语表达、沟通协作等，但是最重要的素质是独创性和批判性思维。

　　学术重视传承，但更看重突破和创新。博士生作为学术事业的后备力量，要立志于追求独创性。独创意味着独立和创造，没有独立精神，往往很难产生创造性的成果。1929年6月3日，在清华大学国学院导师王国维逝世二周年之际，国学院师生为纪念这位杰出的学者，募款修造"海宁王静安先生纪念碑"，同为国学院导师的陈寅恪先生撰写了碑铭，其中写道："先生之著述，或有时而不章；先生之学说，或有时而可商；惟此独立之精神，自由之思想，历千万祀，与天壤而同久，共三光而永光。"这是对于一位学者的极高评价。中国著名的史学家、文学家司马迁所讲的"究天人之际，通古今之变，成一家之言"也是强调要在古今贯通中形成自己独立的见解，并努力达到新的高度。博士生应该以"独立之精神、自由之思想"来要求自己，不断创造新的学术成果。

　　诺贝尔物理学奖获得者杨振宁先生曾在20世纪80年代初对到访纽约州立大学石溪分校的90多名中国学生、学者提出："独创性是科学工作者最重要的素质。"杨先生主张做研究的人一定要有独创的精神、独到的见解和独立研究的能力。在科技如此发达的今天，学术上的独创性变得越来越难，也愈加珍贵和重要。博士生要树立敢为天下先的志向，在独创性上下功夫，勇于挑战最前沿的科学问题。

　　批判性思维是一种遵循逻辑规则、不断质疑和反省的思维方式，具有批判性思维的人勇于挑战自己，敢于挑战权威。批判性思维的缺乏往往被认为是中国学生特有的弱项，也是我们在博士生培养方面存在的一个普遍问题。2001年，美国卡内基基金会开展了一项"卡内基博士生教育创新计划"，针对博士生教育进行调研，并发布了研究报告。该报告指出：在美国和欧洲,培养学生保持批判而质疑的眼光看待自己、同行和导师的观点同样非常不容易,批判性思维的培养必须成为博士生培养项目的组成部分。

对于博士生而言,批判性思维的养成要从如何面对权威开始。为了鼓励学生质疑学术权威、挑战现有学术范式,培养学生的挑战精神和创新能力,清华大学在2013年发起"巅峰对话",由学生自主邀请各学科领域具有国际影响力的学术大师与清华学生同台对话。该活动迄今已经举办了21期,先后邀请17位诺贝尔奖、3位图灵奖、1位菲尔兹奖获得者参与对话。诺贝尔化学奖得主巴里·夏普莱斯(Barry Sharpless)在2013年11月来清华参加"巅峰对话"时,对于清华学生的质疑精神印象深刻。他在接受媒体采访时谈道:"清华的学生无所畏惧,请原谅我的措辞,但他们真的很有胆量。"这是我听到的对清华学生的最高评价,博士生就应该具备这样的勇气和能力。培养批判性思维更难的一层是要有勇气不断否定自己,有一种不断超越自己的精神。爱因斯坦说:"在真理的认识方面,任何以权威自居的人,必将在上帝的嬉笑中垮台。"这句名言应该成为每一位从事学术研究的博士生的箴言。

提高博士生培养质量有赖于构建全方位的博士生教育体系

一流的博士生教育要有一流的教育理念,需要构建全方位的教育体系,把教育理念落实到博士生培养的各个环节中。

在博士生选拔方面,不能简单按考分录取,而是要侧重评价学术志趣和创新潜力。知识结构固然重要,但学术志趣和创新潜力更关键,考分不能完全反映学生的学术潜质。清华大学在经过多年试点探索的基础上,于2016年开始全面实行博士生招生"申请-审核"制,从原来的按照考试分数招收博士生,转变为按科研创新能力、专业学术潜质招收,并给予院系、学科、导师更大的自主权。《清华大学"申请-审核"制实施办法》明晰了导师和院系在考核、遴选和推荐上的权力和职责,同时确定了规范的流程及监管要求。

在博士生指导教师资格确认方面,不能论资排辈,要更看重教师的学术活力及研究工作的前沿性。博士生教育质量的提升关键在于教师,要让更多、更优秀的教师参与到博士生教育中来。清华大学从2009年开始探索将博士生导师评定权下放到各学位评定分委员会,允许评聘一部分优秀副教授担任博士生导师。近年来,学校在推进教师人事制度改革过程中,明确教研系列助理教授可以独立指导博士生,让富有创造活力的青年教师指导优秀的青年学生,师生相互促进、共同成长。

在促进博士生交流方面,要努力突破学科领域的界限,注重搭建跨学科的平台。跨学科交流是激发博士生学术创造力的重要途径,博士生要努力提升在交叉学科领域开展科研工作的能力。清华大学于2014年创办了"微沙龙"平台,同学们可以通过微信平台随时发布学术话题,寻觅学术伙伴。3年来,博士生参与和发起"微沙龙"12 000多场,参与博士生达38 000多人次。"微沙龙"促进了不同学科学生之间的思想碰撞,激发了同学们的学术志趣。清华于2002年创办了博士生论坛,论坛由同学自己组织,师生共同参与。博士生论坛持续举办了500期,开展了18 000多场学术报告,切实起到了师生互动、教学相长、学科交融、促进交流的作用。学校积极资助博士生到世界一流大学开展交流与合作研究,超过60%的博士生有海外访学经历。清华于2011年设立了发展中国家博士生项目,鼓励学生到发展中国家亲身体验和调研,在全球化背景下研究发展中国家的各类问题。

在博士学位评定方面,权力要进一步下放,学术判断应该由各领域的学者来负责。院系二级学术单位应该在评定博士论文水平上拥有更多的权力,也应担负更多的责任。清华大学从2015年开始把学位论文的评审职责授权给各学位评定分委员会,学位论文质量和学位评审过程主要由各学位分委员会进行把关,校学位委员会负责学位管理整体工作,负责制度建设和争议事项处理。

全面提高人才培养能力是建设世界一流大学的核心。博士生培养质量的提升是大学办学质量提升的重要标志。我们要高度重视、充分发挥博士生教育的战略性、引领性作用,面向世界、勇于进取,树立自信、保持特色,不断推动一流大学的人才培养迈向新的高度。

清华大学校长
2017年12月5日

丛书序二

以学术型人才培养为主的博士生教育，肩负着培养具有国际竞争力的高层次学术创新人才的重任，是国家发展战略的重要组成部分，是清华大学人才培养的重中之重。

作为首批设立研究生院的高校，清华大学自 20 世纪 80 年代初开始，立足国家和社会需要，结合校内实际情况，不断推动博士生教育改革。为了提供适宜博士生成长的学术环境，我校一方面不断地营造浓厚的学术氛围，一方面大力推动培养模式创新探索。我校从多年前就已开始运行一系列博士生培养专项基金和特色项目，激励博士生潜心学术、锐意创新，拓宽博士生的国际视野，倡导跨学科研究与交流，不断提升博士生培养质量。

博士生是最具创造力的学术研究新生力量，思维活跃，求真求实。他们在导师的指导下进入本领域研究前沿，吸取本领域最新的研究成果，拓宽人类的认知边界，不断取得创新性成果。这套优秀博士学位论文丛书，不仅是我校博士生研究工作前沿成果的体现，也是我校博士生学术精神传承和光大的体现。

这套丛书的每一篇论文均来自学校新近每年评选的校级优秀博士学位论文。为了鼓励创新，激励优秀的博士生脱颖而出，同时激励导师悉心指导，我校评选校级优秀博士学位论文已有 20 多年。评选出的优秀博士学位论文代表了我校各学科最优秀的博士学位论文的水平。为了传播优秀的博士学位论文成果，更好地推动学术交流与学科建设，促进博士生未来发展和成长，清华大学研究生院与清华大学出版社合作出版这些优秀的博士学位论文。

感谢清华大学出版社，悉心地为每位作者提供专业、细致的写作和出版指导，使这些博士论文以专著方式呈现在读者面前，促进了这些最新的优秀研究成果的快速广泛传播。相信本套丛书的出版可以为国内外各相关领域或交叉领域的在读研究生和科研人员提供有益的参考，为相关学科领域的发展和优秀科研成果的转化起到积极的推动作用。

感谢丛书作者的导师们。这些优秀的博士学位论文,从选题、研究到成文,离不开导师的精心指导。我校优秀的师生导学传统,成就了一项项优秀的研究成果,成就了一大批青年学者,也成就了清华的学术研究。感谢导师们为每篇论文精心撰写序言,帮助读者更好地理解论文。

感谢丛书的作者们。他们优秀的学术成果,连同鲜活的思想、创新的精神、严谨的学风,都为致力于学术研究的后来者树立了榜样。他们本着精益求精的精神,对论文进行了细致的修改完善,使之在具备科学性、前沿性的同时,更具系统性和可读性。

这套丛书涵盖清华众多学科,从论文的选题能够感受到作者们积极参与国家重大战略、社会发展问题、新兴产业创新等的研究热情,能够感受到作者们的国际视野和人文情怀。相信这些年轻作者们勇于承担学术创新重任的社会责任感能够感染和带动越来越多的博士生,将论文书写在祖国的大地上。

祝愿丛书的作者们、读者们和所有从事学术研究的同行们在未来的道路上坚持梦想,百折不挠!在服务国家、奉献社会和造福人类的事业中不断创新,做新时代的引领者。

相信每一位读者在阅读这一本本学术著作的时候,在吸取学术创新成果、享受学术之美的同时,能够将其中所蕴含的科学理性精神和学术奉献精神传播和发扬出去。

清华大学研究生院院长

2018 年 1 月 5 日

导师序言

我国能源基地与负荷中心逆向分布，必然需要电力能源的跨区域、大规模调配。高压直流输电是实现远距离、大容量输电和电网互联的重要手段，能够实现大范围的资源优化配置。我国特高压直流输电线路不可避免地要经过高海拔、大落差、高地震烈度等地理环境恶劣和气象条件多变的地区，这对于输电走廊选择、线路检修维护和换流站设备连接等均提出了更高要求。气体绝缘输电线路（GIL）技术具有输送容量大、占地少、环境兼容性好、运行可靠性高等优势，可以很好地解决上述问题，成为传统架空线路、电力电缆和穿墙套管的有效替代方案，已广泛应用于交流输电系统。然而，GIL技术在直流输电中的应用却受到了极大限制，最为突出的问题就是绝缘子表面在长期承受单极性直流电场作用下会积聚大量电荷，导致局部电场畸变而诱发沿面闪络，大大降低设备的绝缘水平。因此，掌握直流GIL中的气-固界面电荷特性、建立气-固界面电荷基础理论、从而实现性能调控是研发直流GIL设备亟须解决的关键基础问题。

2014年1月，由清华大学牵头的国家重点基础研究发展计划（"973"计划）"大容量直流电缆输电和管道输电关键基础研究"项目获得立项启动，旨在解决我国大规模电能输送的关键通道问题，我们课题组负责直流管道输电中的气-固界面电荷动力学过程研究。当时张博雅刚刚进组攻读博士学位，向我表达了参与该课题的强烈意愿。在此之前，我们课题组在直流GIL技术方面已取得了一些阶段性进展，实现了对真型盆式绝缘子表面电位的全自动化快速测量和对表面电荷的反演计算，得到了直流电压下盆式绝缘子表面电荷积聚的一些主要特征，联合中国电力科学研究院在国内较早开展了特高压GIL的直流闪络试验。随着研究的不断深入，我们也清楚地知道当时仍有很多难题没有解决，面临着下一步工作如何开展的问题。

首先，当时的表面电荷表征方法较为粗糙，采用静电探头测量的表面电位表征表面电荷仍是主流，当被测绝缘子的形状较为复杂时，所得结果与实际的电荷分布有显著差别；而反演算法限于大型矩阵求逆的病态问题，使得网格数受限；空间分辨率普遍较低，使得对电荷积聚现象无法做到精细化研究。其次，当时国内外对直流电压下气-固界面电荷的积聚机制仍未达成共识，主要是由于影响电荷积聚的因素较多，电荷分布的随机性对机理分析造成了很大干扰，不同研究者根据各自的实验结果提出了不同的主导机制，但对电荷积聚的不同模式分析不足。最后，有效的电荷调控方法仍较为缺乏，这需要在明确电荷积聚机理的基础上，提出工程上较易实现的气-固界面电荷调控和抑制手段。

在这种情况下，张博雅开始了他的博士课题。首先，搭建了基于缩比GIL模型单元的气-固界面电荷实验平台，以圆锥形绝缘子为研究对象，采用多轴自动控制系统实现对绝缘子表面电位的精确扫描测量。借鉴数字图像处理技术，发展了针对"平移改变"和"平移不变"两种结构的气-固界面电荷反演算法，获得了优异的计算稳定性、较高的空间分辨率和计算精度。其次，系统测量了直流电压下空气和 SF_6 中气-固界面电荷积聚特性，创新性地提出气-固界面电荷分布具有两种模式，即"基本模式"和"电荷斑"模式，并详细分析了两种模式的形成机制。两种电荷积聚模式的提出得到了国内外同行的普遍认可，在此基础上，近年来电荷积聚模式的研究又得到了进一步发展和完善。同时，张博雅还通过实验和建模，研究了体电导、面电导、与气体离子中和这三种不同消散机理主导下的气-固界面电荷消散现象，揭示了气-固界面电荷消散特性和动力学过程。最后，从环氧树脂复合材料的本体改性和表面改性两个方面研究了抑制绝缘子表面电荷积聚的方法。其中，本体改性以降低绝缘材料体积电导率为目标，抑制绝缘子表面电荷积聚的"基本模式"；表面改性以促进表面电荷沿切向疏散为目的，以降低绝缘子表面"电荷斑"的电荷密度。本书中探索的几种方法都表现出较好的电荷抑制效果，特别是自组装的 PVA/MMT 二维纳米涂层技术，为未来绝缘子的制造提供了新的思路。

张博雅的博士学位论文研究成果丰富，有助于人们深入认识直流电压下气-固界面电荷的产生、输运、积聚和消散过程及其调控方法，为直流 GIL 设备的研发提供了重要理论基础和技术参考。本书中的一些成果已发表于高压绝缘领域的高水平期刊和国际会议，博士学位论文获评 2018 年度清华大学优秀博士学位论文。本书是对他博士研究生阶段工作的系统总结，能够在清华大学出版社出版我感到非常高兴。

目前，随着轻型化海上风电柔性直流送出技术的发展，国际上对于高电压等级直流 GIS/GIL 的需求日益紧迫，同时，以 C_4F_7N 等新型环保气体为

代表的环保型 SF_6 替代气体正逐步走向应用,得知张博雅毕业后仍在继续从事相关领域的科研工作,我感到非常欣慰,希望在大家的共同努力下,新一代环保型直流 GIS/GIL 技术能够早日推广应用,助力我国实现"双碳"目标。

张贵新　清华大学电机工程与应用电子技术系

2021 年 12 月于北京清华园

摘　要

　　直流电压下,气体绝缘输电线路(GIL)中气-固界面的电荷积聚现象是导致绝缘子直流闪络电压下降的重要原因。开展直流电压下气-固界面电荷特性的深入研究,提出抑制气-固界面电荷积聚的有效方法,对直流 GIL 的研制具有重要意义。

　　本书基于有源静电探头法,搭建了一套针对缩比 GIL 模型绝缘子的表面电位测量平台,采用多轴自动控制系统实现对绝缘子表面电位的精确扫描。借鉴数字图像处理的方法,提出了针对"平移改变"和"平移不变"两种系统的气-固界面电荷反演算法。采用维纳滤波技术,改善了大维数传递函数矩阵的病态特性,大大降低了系统噪声,提高了反演计算的稳定性。同时,基于点扩散函数的空间频域分布特性,研究了测量系统的空间分辨率,并对反演算法计算结果的误差进行了估计。

　　通过对直流电压下空气和 SF_6 中绝缘子表面电荷的测量,提出了气-固界面电荷积聚的两种模式:"基本模式"和"电荷斑"模式。"基本模式"呈有规律的均匀分布,极性与所加电压极性相同;"电荷斑"呈随机分布,表现为单极性点电荷、双极性电荷对和条纹状电荷三种形式。通过构建物理模型,研究了 GIL 中气-固界面电荷积聚的动力学过程。仿真分析和实验结果表明,固体侧电流大于气体侧电流是表面电荷积聚"基本模式"形成的主要原因,而"电荷斑"则可能是由绝缘子表面的杂质或"三结合点"处的缺陷等造成的。

　　通过设计对比实验,观测了环氧树脂材料在不同情况下的表面电荷消散现象;通过建模仿真,分别研究了体电导、面电导、与气体离子中和这三种不同消散机理主导下的表面电荷消散过程,揭示了气-固界面电荷的消散特性。结果表明,对环氧树脂、聚四氟乙烯等体积电导率小于 10^{-15} S/m 的材料,表面电荷主要通过与气体离子中和消散;对硅橡胶等体积电导率大于 10^{-14} S/m 的材料,表面电荷主要通过体电导消散;未经特殊处理的绝缘材料,表面电导较小,对消散的作用有限。

　　基于对气-固界面电荷积聚和消散特性的研究,提出了通过材料改性抑制绝缘子表面电荷积聚的方法。在本体改性方面,提出了纳米氧化铝掺杂和富勒烯掺杂两种技术手段,有效降低了绝缘材料的体积电导率,从而降低了表面电荷积聚"基本模式"的水平。在表面改性方面,提出了氟化处理和二维纳米涂层两种技术手段,通过在绝缘材料表面增加电荷疏散层,促进表面电荷的消散,使电荷分布更均匀,减小"电荷斑"的积聚程度。实验结果表明,这些方法可以有效抑制表面电荷积聚,一定程度上提高了直流闪络电压,在未来直流 GIL 绝缘子的设计研制中具有潜在应用价值。

关键词:直流;表面电荷;气体绝缘输电线路;电荷积聚;电荷消散;材料改性

Abstract

Under DC voltage, the charge accumulation at the gas-solid interface is the main reason for the decrease of DC flashover voltage of the insulators in the Gas Insulated Transmission Lines (GIL). In-depth study of the surface charge characteristics under DC voltage is presented and effective methods to suppress the charge accumulation at the gas-solid interface is proposed, which is of great significance for the development of DC GIL.

In this book, based on the electrostatic probe method, a set of surface potential measurement platform for the insulator of the downsized GIL model is built. The multi-axis automatic control system is used to accurately scan the surface potential of the insulator. Based on the digital image processing technique, the surface charge inversion algorithm for the "shift-invariant" and "shift-variant" systems are processed. Wiener filter is used to solve the ill-condition problem of the transfer function matrix, which greatly reduces the system noise and improves the stability of the inversion calculation. Besides, based on the point spread function, the spatial resolution of the measurement system is studied, and the accuracy of the calculation results of the inversion algorithm is estimated.

Based on the measurement results of the surface charge distribution of insulators in air and SF_6 under DC voltage, two patterns of the charge accumulation are proposed, i. e. domain uniform charging and charge speckles. The uniform charging pattern has a regular and uniform distribution with the same polarity as the applied voltage. The charge speckles are usually randomly distributed and have three forms: unipolar charge spot, bipolar charge pairs, and charge streaks. Based on a physical model, the kinetics of charge accumulation at the gas-solid interface in

GIL has been studied. Simulation and experimental results show that the bulk current in the solid-side is larger than the ion current in the gas-side, which is the main reason for the formation of dominant uniform charging. The formation of charge speckles is probably related to the impurities on the surface of the insulator or the defects at the so-called "triple junction points".

Through comparative experiments, the surface charge decay phenomena of epoxy resin insulator under different conditions are observed. Three mechanisms are considered responsible for surface charge decay, i. e., bulk neutralization, gas neutralization, and surface conduction. They are discussed separately with the help of numerical models, which quantify the relative importance of each mechanism on the total process of charge decay. The results show that for high-resistivity materials like epoxy and PTFE, with a volume conductivity less than 10^{-15} S/m, the charge neutralization by electric charge from the gas has been identified to play a significant role in the charge decay; For materials like silicon rubber with a volume conductivity more than 10^{-14} S/m, the surface charge mainly decays through the solid bulk conduction; While for insulating material without special treatment, the surface conductivity is so low that the contribution of surface conduction to the surface charge decay is limited.

Based on the study of surface charge accumulation and decay characteristics, several material modification methods are proposed to suppress surface charge accumulation on the insulator. As for the bulk modification, two techniques are proposed: nano-alumina doping and fullerene doping. They can effectively reduce the bulk conductivity of the insulating material and therefore reduce the dominant uniform charging level. As for the surface modification, fluorination and two-dimensional nano-coating are proposed. By adding a charge evacuation layer on the surface of insulating material, the dissipation of the surface charge is promoted. As a result, the charge distribution becomes more uniform and the charge speckles becomes less. Experimental results have shown that these methods can effectively suppress the surface charge accumulation, to some extent, improve the DC flashover voltage, which should have great potential application value in the design and development of DC GIL insulators in the future.

Keywords: HVDC; surface charge; gas insulated transmission line; charge accumulation; charge decay; material modification

目　录

Contents

第1章 绪 论

1.1 研究背景及意义

1.1.1 高压直流输电

我国能源资源和电力负荷分布极不均衡,风电、水电和太阳能等可再生资源,以及煤炭资源主要分布在西北地区,而用电负荷中心主要分布在经济发达的中东部和东南沿海地区,仅靠就地平衡难以达到优势互补。因此,进行跨区域大规模的能源调配势在必行[1]。目前,高压直流(high voltage direct current,HVDC)输电是世界上电力大国解决远距离、大容量输电和电网互联的重要手段,能够高效地推动各类能源清洁开发利用,促进更大范围内能源资源的优化配置[2]。本节将对高压直流输电的发展和特点进行简单的介绍。

高压直流输电技术至今已有130多年的历史,在电力工业发展初期曾发挥过重要作用。早在1882年,法国物理学家德普勒就在米斯巴赫和慕尼黑之间完成了世界上首次直流输电试验。然而,当时只能采用多个直流电机串联来获得高压直流电源,运行复杂且可靠性差,而研制高压大容量直流电机又存在换相困难等问题,直流输电技术因此在近半个世纪里没有得到进一步发展。直到20世纪50年代,高压大容量的可控汞弧阀研制成功,为发展高压直流输电开辟了道路。同时,交流输电的稳定性问题随着交流电网规模的扩大日益凸显,人们又开始重新重视直流输电技术。1954年,世界上第一条商业化高压直流输电线路在瑞典建成投运,用于连接瑞典本土和哥特兰岛,电压等级为±100 kV,输送功率为20 MW。1972年,在加拿大的背靠背直流工程中开始使用基于可控硅阀的新一代高压直流输电技术。1984年,±600 kV的巴西伊泰普直流输电工程建成投运,输送功率达到6300 MW,输送距离806 km。20世纪90年代,世界上首个三端直流输电工程(魁北克-新英格兰)和世界最长直流海底电缆输电工程(250 km,瑞典-德国)相继投运。

高压直流输电在我国起步虽晚，但近年来发展势头迅猛。我国于 20 世纪 60 年代开始直流输电技术的研究，并于 1987 年底在浙江舟山开展 100 kV 海底电缆直流输电实验工程。1990 年，我国第一个超高压直流输电工程葛洲坝-上海±500 kV 直流输电工程投运。2000 年以后，我国又先后开展了天生桥-广州、三峡-常州、三峡-广州、贵州-广州等±500 kV、3000 MW 的直流输电工程。2010 年，±800 kV 特高压直流输电云南-广东、向家坝-上海两个国家级示范工程相继建成投产；2012 年 12 月，±800 kV 锦屏-苏南特高压直流输电工程正式投运，线路全长 2059 km，途经八省市，额定输送功率 7200 MW。2016 年初，我国第一条±1100 kV 直流输电工程准东-皖南工程开工，2019 年建成投运，这也是目前世界上电压等级最高、输送容量最大、输送距离最远、技术最先进的特高压直流输电工程。

事实上，直流输电技术的迅猛发展与它的自身优势是分不开的。第一，直流输电线路本身不存在交流输电固有的稳定问题，输送距离和容量不受电力系统同步运行稳定性的制约，因此非常适合远距离大容量输电[2]。第二，直流输电线路两端的交流系统不需要同步，可实现国内不同区域或国家间非同步交流电网的互联[3]，而且，两端交流系统的短路容量不会因互联而显著增大。第三，与三相交流输电相比，直流输电线路只需正负两极导线，也可利用大地构成回路，采用单极导线，杆塔结构简单，线路走廊窄、造价低。第四，直流输电线路的功率和电流控制具有调节速度快和控制性能好的特点，可以快速实现容量交换，方便电网的运行和管理。第五，直流输电密度高、能量损耗小，线路稳态运行时没有电容电流和电抗压降，非常适合地下电缆输电和远距离的跨海输电。

然而，目前直流输电技术也仍有一些限制，其中之一就是直流换流站的造价要比同等规模的交流变电站高出数倍，同时换流站会产生一系列的谐波，需在两侧加装交/直流滤波器，增加了换流站的占地面积、成本和运维费用。不过，如果采用架空线输电的话，当输电距离超过 600～800 km 时，直流输电工程的总投资要明显低于交流输电工程，而且随着距离的增加，直流输电的经济性会更加显著[3]，两者总造价的对比如图 1.1 所示。

随着我国特高压电网的发展以及西部水电、风电资源的进一步开发，直流输电工程的建设还将加快。如何提高直流输电设备可靠性，尤其是提高直流输电线路和相关设备的绝缘性能，成为保障直流输电工程安全可靠运行的关键。

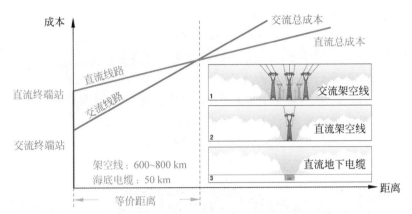

图 1.1 直流输电和交流输电工程的建设成本与输送距离的关系

1.1.2 气体绝缘管道输电

目前,我国新规划的大型水电工程多选址于地形环境十分复杂的深山峡谷之中,而发电机组大多被布置在地下厂房中,引出线的垂直落差很大,电能输出十分困难[4]。另外,跨区域的超远距离输电会不可避免地经过一些台风、冻雨、雷暴、地震等自然灾害频发和气象条件恶劣的地区,传统架空输电线路的安全运行也面临着巨大挑战。例如,2008 年初我国南方出现的大规模冰雪灾害天气引发了架空输电线路的严重覆冰、冰闪和倒塔事故,造成我国中南部地区大面积停电。同时,随着我国城市化进程的不断加快,在一些经济发达地区,一方面新建架空输电线路已经很难找到线路走廊,输变电工程占地大与征地难的矛盾制约了城市输电工程的建设[5];另一方面,高压输电线路经过城市区域,需严格限制其电磁干扰水平,并且对自然和人文环境的保护也提出了更高的要求[5]。因此,建立安全、高效、灵活、美观、环保的未来电网,在满足大规模电能传输需求的同时,必须兼顾环境友好、资源节约、安全可靠的目标。

正是在这种背景之下,气体绝缘输电管道(gas insulated transmission line,GIL)技术应运而生。GIL 源于气体绝缘母线(gas insulated bus,GIB),是一种采用 SF_6 或其他绝缘气体作为绝缘介质、导体与外壳同轴布置的高电压大电流输电方式[6-7]。与传统的架空输电线路以及电力电缆相比,GIL 技术具有以下突出优势[6-7]:

(1)输电损耗小,输送容量大。GIL 的中心导体和外壳的截面积比架空线路和电力电缆的都大,电阻更小,因而输电损耗较小。国际上 GIL 的最大额定电流可达 8000 A,最大输送功率可达 4 GW 以上。对 GIL 的尺寸和结构进行不同的设计,可满足不同的技术和经济指标的要求。

(2)适合远距离输电。对于交流 GIL,由于采用气体作为绝缘介质,电容远小于电缆,在长距离输电中也无需无功补偿装置,大大降低了运行成本。

(3)布线方式灵活。GIL 具有灵活的转角单元,可在 85°~178°范围内进行斜井式或直井式安装,不受敷设高差和弯曲半径的限制,可用于大跨度、高落差的输电场合,如图 1.2 所示。

图 1.2 采用斜井式或直井式安装的 GIL

(4)无绝缘老化问题,可靠性高。由于 GIL 中的高压导体被金属外壳完全封闭,任何外界因素几乎都不会影响 GIL 的正常运行。GIL 内部以 SF_6 或 SF_6/N_2 混合气体等绝缘气体作为绝缘介质,化学性质稳定,具有完全的自恢复能力,与交联聚乙烯电缆相比,无燃烧和绝缘老化问题,运行寿命长,可靠性高。

(5)对外界环境影响小。GIL 的输电走廊很小,安装方式常常采用直埋于地下或者隧道安装(图 1.3),既不受环境污秽、雨雪、覆冰的影响,又不会对地上的自然、人文景观造成影响。同时,GIL 中心导体上输送的电流和外壳上的感应电流等值反向,其外部电磁场几乎为零,对外几乎不产生有害的电磁辐射。因此,GIL 未来可以沿高速公路、城市交通隧道和铁路等敷设,获得更广泛的走廊共享空间[8]。

GIL 技术的首次应用是在 1972 年,美国 PSEG 公司在新泽西州哈德逊电厂架设了世界上第一条 GIL 线路,电压等级为交流 242 kV,载流量 1.6 kA,采用麻省理工学院和美国 CGIT 公司联合开发的技术[9]。CGIT

图 1.3 采用直埋于地下或者隧道安装的 GIL 输电线路

(a) 直埋敷设；(b) 隧道敷设；(c) 共享走廊

公司是目前 GIL 设备市场占有率第一的公司，其产品涵盖了电压等级 80～1200 kV、载流量最高达 6 kA 的 GIL 设备。CGIT 公司在 1981 年和 1984 年分别生产了电压等级 1200 kV，载流量 5 kA 的单相长度 90 m 和 330 m 的 GIL，安装于美国的 Waltz Mill，至今运行良好[10]。1975 年，欧洲首个 GIL 输电工程在德国黑森林的 Wehr 抽水蓄能电站建成，该工程采用西门子公司的技术，电压等级为交流 400 kV，单项长度近 4 km，安装在山体内的斜井中，用于连接坝底的发电机组和山顶的架空线路[11]。近年来，GIL 作为架空输电线路的最佳替代方案，为欧洲大城市的电网改造提供了很好的选择。2001 年，在瑞士日内瓦机场的改造工程中，西门子公司采用了一条长 420 m 的 220 kV GIL 线路，首次使用混合气体（80% N_2 和 20% SF_6）作为绝缘介质，通过适当提高气压实现了和纯 SF_6 相当的绝缘性能，从而减少了 SF_6 的使用[12]。2010 年，德国法兰克福机场由于扩建需要，新规划了一条 400 kV GIL 线路，代替原有的 220 kV 架空线路[6]。日本从 20 世纪 70 年代初开始进行 GIL 的研发工作。1979 年，日本第一条 GIL 线路建成投运，电压等级为交流 154 kV，采用东京电力公司和古河电气公司联合开发的技术。

我国 GIL 设备的使用始于 1992 年天生桥水电站的 500 kV GIL 线路。2009 年，我国在青海拉西瓦水电站投运了当时国内电压等级最高的 800 kV GIL 线路。2013 年，溪洛渡水电站的 GIL 正式投运，共设计有 7 回线路，线路总长度达 12 km，分别安装在左右两岸的竖井内，是目前世界上线路最长、垂直高差最大（480 m）的 GIL 线路。2016 年 8 月，苏通 GIL 管廊工程开工,该工程是淮南-上海 1000 kV 特高压交流输电线路的组成部分,通过江底隧道穿越长江,两回 1000 kV GIL 管线总长近 35 km,于 2019 年底建成投运,是目前世界上首次在重要输电通道中采用超长距离的特高压 GIL,代表了目前最高的技术水平。

1.1.3   直流 GIL 的绝缘问题

交流 GIL 技术发展至今已有近 50 年的历史,积累了大量的工程应用经验。交流 GIL 的研发水平日益成熟,设备结构更加紧凑,电压等级和输送容量越来越高,线路长度越来越长。前期投运的很多交流 GIL 输电线路已经平稳运行数十年,反映了该技术的安全性、可靠性和稳定性[13]。然而,与交流 GIL 产品的成功研制和推广应用相比,虽然国际上已经有许多电气设备公司(如三菱、日立、东芝、西门子、ABB 等)都相继开展了直流 GIL 的研发工作,但是除了少部分应用于换流站的高压直流气体绝缘开关(gas insulated switchgear,GIS)设备外,面向大规模工程应用的高压直流 GIL/GIS 技术仍未成熟。

无论是直流 GIL 还是交流 GIL,都具有类似的电极结构,在其应用场合和运行维护方面也无任何特别的差异,两者技术难点的不同主要反映在绝缘设计方面[13]。

GIL 是一种典型的气-固绝缘系统,其结构如图 1.4 所示,包括高压导杆、接地外壳、绝缘子和微粒陷阱等。根据形状和作用的不同,GIL 中的绝缘子分为两类:支柱绝缘子一般为圆柱形,有单支柱、双支柱、三支柱等不同结构,主要用来支撑中心导杆;盆式绝缘子呈圆锥形,除了支撑导杆外,主要用来隔绝气室。在交流电压下,GIL 中电场的分布主要取决于绝缘材料的介电常数,呈电容性分布,可按照拉普拉斯(Laplace)电场考虑 GIL 的绝缘尺寸和结构,其设计和制造具有成熟的商业研发经验。然而,在直流电压下,GIL 中电场呈电阻性分布,与绝缘介质的电导率有关,非常容易受湿度、温度、场强、极性、加压时间等因素的影响[13],因此直流 GIL 中电介质

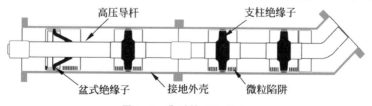

图 1.4   典型的 GIL 结构

的绝缘性能和交流 GIL 有较大的区别。

针对直流下的气-固绝缘系统(GIL/GIS),国内外的研究主要集中在三个方面:一是直流电压下 SF_6 及其混合气体或替代气体的间隙击穿特性;二是直流电压下气-固界面电荷积聚及其对绝缘子电场分布和闪络特性的影响;三是直流电压下金属导电微粒的运动特性及其对气体间隙击穿和绝缘子沿面放电的影响。本书所要研究的主要内容就是这三个关键问题中的气-固界面电荷积聚问题。

早在 19 世纪后期,人们就已经采用粉尘图法观察到了空气中固体绝缘材料表面的带电现象[14]。后来,随着对固体绝缘材料表面电荷积聚问题研究的深入,发现气体的种类对气-固界面电荷的积聚机理和分布特点影响较小[15-18]。由于户外绝缘子会受到如风吹、雨雪、污秽等自然环境的影响,加速了绝缘子表面电荷的消散,所以户外绝缘子的表面电荷积聚问题并不严重。人们对于绝缘子表面电荷积聚的危害和认识主要与直流气体绝缘系统(GIL/GIS)的发展有关。

大量实验已经表明,直流电压下绝缘子的表面电荷积聚可能是引起绝缘子沿面闪络电压降低的重要原因。相对于交流 GIL,直流 GIL 绝缘子长期处于单极性电场之中,电荷会在电场力的作用下向同一方向迁移,而绝缘子表面可长期保持干燥和清洁,因此非常容易造成电荷积聚且不易消散。当积聚的电荷量达到一定程度时,会造成气-固界面局部电场畸变,改变原先按照拉普拉斯场所设计的电场分布,在有些情况下,这可能会引起绝缘子沿面的异常闪络,从而导致设备故障。

因此,从 20 世纪 80 年代开始,美国、日本和欧洲的研究者们就陆续开展了直流气体绝缘设备(GIS/GIL)的研发工作,特别是针对绝缘子表面电荷积聚现象的研究[19-23]。早在 1985 年,ABB 公司就和美国的 BPA 电力公司合作研发直流 GIS 项目,利用交流 550 kV 和 800 kV GIS 改装成的直流 $\pm$500 kV GIS 完成了所有性能试验[24]。20 世纪 90 年代初,日本三菱公司进行了一系列关于 $\pm$500 kV GIS 的设计和试验工作,对盆式绝缘子的表面电荷分布进行了实际测量,并提出了直流 GIS 绝缘子的设计准则[21,25-26]。2000 年 7 月,日本日立公司和关西电力公司等共同研制的世界首套 $\pm$500 kV 直流 GIS 在日本纪伊水道直流输电工程中正式投运,他们前期的研发工作历时 8 年,对直流绝缘子的形状设计、材料选择等进行了深入的研究,并专门设计试验项目检验有表面电荷积聚的情况下绝缘子沿面闪络电压是否合格[27]。然而,随着直流气体绝缘设备运行年限的增加和电压等级的逐步提高,由绝缘问题引起的绝缘子沿面闪络事故日益增多。2015年,溪-浙直流工程金华换流站的800 kV气体绝缘穿墙套管在运行中发生事故,其中一处支柱绝缘子发生严重沿面闪络,见图1.5,闪络后整根支柱绝缘子严重烧蚀碳化,均压环也严重破损。

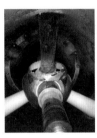

图 1.5　发生闪络后的某直流 800 kV 气体绝缘套管中的支柱绝缘子

事实上,进入20世纪90年代以后,随着高压交流气体绝缘设备的大量应用,研究者发现在交流GIS/GIL中的异常闪络事故可能也与绝缘子表面积聚的电荷有关。这是因为运行中的GIS/GIL设备在隔离开关断开之后,由于交流系统的电容效应,母线上的残余电荷可以导致母线段绝缘子承受近0.8 pu的直流电压,在这种情况下,同样可以使母线段的绝缘子表面积聚大量电荷[28-29]。在气体绝缘设备中,由于SF_6气体的高绝缘强度,当隔离开关再次合闸时,会形成上升时间非常短的脉冲电压,即快速暂态过电压(very fast transient overvoltage,VFTO)[30-31],如果此时绝缘子上已经积聚了大量的表面电荷,这些表面电荷可能会对VFTO产生的电场起增强作用,从而导致该情况下绝缘子的沿面闪络电压大幅下降。例如,辽宁营口华能电厂的220 kV GIS设备,在正常换相操作中一盆式绝缘子发生沿面闪络,文献[32]对该事故进行分析后明确认为这是由表面电荷积聚引起绝缘子沿面闪络电压下降所致。2016年,北京东1000 kV特高压变电站在调试期间也出现过隔离开关合闸时,GIL母线上盆式绝缘子和支柱绝缘子沿面闪络的现象,如图1.6所示,当时的调查报告也认为该现象可能与绝缘子表面电荷的积聚有关。

近年来海上风电并网和直流输电需求不断增长,对高压直流气体绝缘设备的发展提出了更加迫切的需求。2019年,作为Hokuto和Imabetsu换流站的一部分,日本的一个额定电压为±250 kV直流GIS装置组件计划投入运行。而在欧洲,第一个±320 kV直流GIS在海上换流站的应用已经被确定并已在采购中。近期,西门子公司已完成了直流GIS成套设备的设

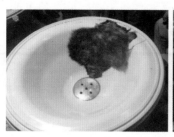

图 1.6　发生闪络后的某交流 1000 kV 气体绝缘母线中的盆式绝缘子和支柱绝缘子

计,电压等级达±550 kV、额定电流高达 5000 A 的产品成功通过了现有的 IEC 标准要求的和当前国际大电网会议(CIGRE)建议的所有相关试验。 这些试验不仅包括了常规的绝缘性能试验,而且涵盖了直流相关方面的特殊试验,特别是考虑了温度和电荷积聚对电场的影响。

随着我国大力推进高压直流输电工程和远海风电场的建设,越来越多的特殊输电场合迫切需要直流 GIS/GIL 的使用,而绝缘子表面电荷的积聚问题成为制约直流气体绝缘设备发展的关键因素。因此,对直流电压下气体绝缘系统中气-固界面电荷积聚现象开展专题研究,深入认识绝缘子表面电荷积聚的机理和影响因素,对于提高绝缘子的闪络电压、改善直流乃至交流绝缘子的设计和制造水平等方面都具有非常重要的实际意义。

1.2　国内外研究现状

1.2.1　气-固界面电荷积聚的早期研究基础

早在 20 世纪 80 年代初,国际上就已经发现了气体绝缘设备在直流电压下绝缘子表面的电荷积聚问题。当时的研究主要以瑞士科学院的 Knecht、美国麻省理工学院的 Cooke 和日本三菱公司的 Nakanishi 为代表。 这三个研究组对气-固界面的电荷积聚现象进行了实验探究,总结了电荷积聚的规律,并对电荷积聚的机理提出了三种不同的解释。

1) 法向电场模型

法向电场模型的思想最初由 Knecht 等人提出[15,20],后得到 Fujinami 等人的支持[33-34]。该理论认为,绝缘子表面的法向电场分量是导致电荷积聚的主要动力,气体介质一侧电极表面的毛刺或三结合点等处的局部微放电产生的电荷以及气体中自然电离的电荷是表面电荷的最初来源。如果绝缘子表面存在法向电场分量,这些气体中产生的初始电荷就会沿着电场线,在电场力的作用下迁移到绝缘子表面。随着单极性电荷在绝缘子表面的不断积聚,气-固交界面处气体侧的法向场强逐渐减弱,使电荷积聚逐渐趋于稳态,最终满足以下边界条件[33-34]:

$$\begin{cases} \varepsilon_0 E_{n0} - \varepsilon_d E_{nd} = \sigma \\ E_{n0} = 0 \end{cases} \quad (1\text{-}1)$$

其中,ε_0 和 ε_d 分别为气-固交界面处气体的介电常数和固体介质的介电常数;E_{n0} 和 E_{nd} 分别为交界面处气体侧和固体侧的法向电场分量;σ 为表面电荷面密度。该式表明,当交界面处气体一侧法向场强为零时,表面电荷将不再积聚。

Knecht 等人在实验中发现,无论采用何种形状的电极结构,电场线穿出绝缘子的地方总是积聚负电荷,电场线穿入绝缘子的地方总是积聚正电荷,如图 1.7 所示。所以,他们认为这是由于气体一侧的带电粒子沿着电场线运动并吸附在绝缘子表面所致。由于在该模型中对电荷的来源解释得比较清楚,并且后来一些研究者的实验和数值计算结果与该模型分析的结果比较接近,该模型逐渐被人们所接受。

2)切向电场模型

切向电场模型由 Nakanishi 等人提出[26,35-36],该理论认为,绝缘子表面电荷的积聚过程由表面电导率决定,而表面电导率与表面切向电场分量的大小密切相关,该理论认为表面电荷密度 σ 可由下式计算:

$$\sigma = -\alpha E_\tau \frac{\partial E_\tau}{\partial z} \quad (1\text{-}2)$$

式中,α 为常数;E_τ 为表面切向电场分量;z 为沿切向电场分量方向的空间坐标。他们在实验中发现,圆柱绝缘子两端积聚的电荷总是与附近电极的极性相反,并且电荷分布呈"蝴蝶结"(bowtie)形状;而如果用砂纸打磨绝缘子的表面,电荷分布会变得均匀;他们测得的电荷分布与式(1-2)所给出的分布基本一致,如图 1.8 所示。虽然该模型给出的结果与实测结果基本相符,但是其物理意义比较含糊,特别是对表面电荷的来源没有描述清楚,所以支持该模型的研究者并不是很多。事实上,若采用 Knecht 的理论,也可以解释图 1.8 右上所示的表面电荷分布结果。

值得一提的是,Nakanish 等人还设计了较为复杂的机械装置[21,25](图 1.9(a)),采用电容探头对实际使用的盆式绝缘子表面电荷进行了测量,

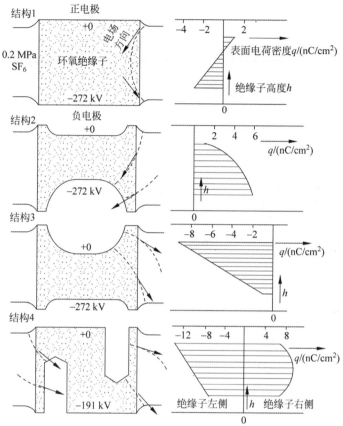

图 1.7 Knecht 等人采用的绝缘子形状和测得的表面电荷分布
采用电容探头测量

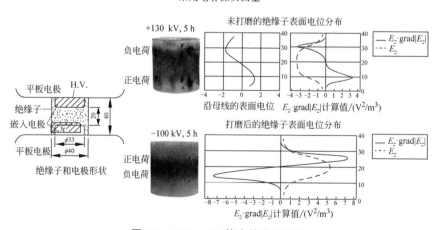

图 1.8 Nakanishi 等人的实验结果
采用粉尘图和电容探头配合测量

让人们第一次对直流电压下盆式绝缘子的表面电荷分布有了直观的认识（图 1.9(b)）。

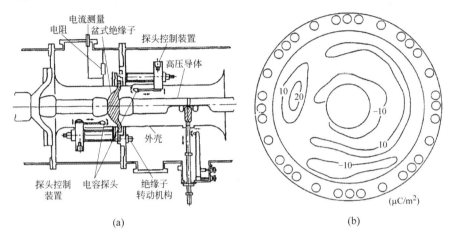

(a)　　　　　　　　　　　　(b)

图 1.9　Nakanishi 等人对盆式绝缘子表面电荷研究的实验装置和测量结果

3）体电导模型

体积电导模型由 Cooke 等人提出[37-40]，该模型实际上解释了介质内部空间电荷的形成过程。由于绝缘材料体电导率在空间上的不均匀分布，会导致空间电荷的产生，电荷密度 ρ 的表达式为

$$\rho = -\frac{\varepsilon_d}{\gamma_d} \cdot \boldsymbol{E}_d \cdot \nabla \gamma_d \tag{1-3}$$

式中，ε_d 为绝缘介质的介电常数；γ_d 为绝缘介质的体电导率；$\boldsymbol{E}_d$ 为介质内部的电场强度。Cooke 认为，气体一侧的电荷是表面电荷的一个重要来源，但固体介质的体电导也会带来电荷。和 Knecht 等人的实验结果有所不同的是，Cooke 等人在实验中发现，负电荷并不总是在电场线穿出绝缘子的地方积聚，正电荷也并不总是在电场线穿入绝缘子的地方积聚，而是恰恰相反。他认为只有当局部电场强度超过气体电离强度时，气体一侧才会产生大量的正负离子，这些从气体一侧吸附到绝缘子表面的电荷掩盖了固体电导带来的电荷。

早期的研究者们虽然进行了大量的实验探索，但由于缺乏精确的表面电荷测量手段，得到的实验结果只能用于定性分析，在较长的时间内并没有更多深入的研究；同时，数值模拟技术在当时也并不成熟，没有很好地验证他们提出的模型。不过，早期的研究者们采用的实验方法和获得的实验现象为后续研究提供了重要参考；同时,早期关于直流电压下表面电荷积聚机理的讨论也为后续研究提供了思路,他们所提出的三种表面电荷的积聚机理依然是目前该领域研究的理论基础。

1.2.2　气-固界面电荷积聚的近期研究动态

进入 21 世纪以来,随着特高压直流输电工程在世界范围的应用和电压等级的不断提高,直流电压下气-固界面电荷积聚的问题再次引起研究者们的关注。同时,由于有源静电探头的采用和数值模拟技术的进步,人们对该问题有了更加深入的认识。国际上具有代表性的研究组包括日本东京大学的 Kumada 研究组,德国慕尼黑工业大学的 Kindersberger 研究组和瑞士苏黎世理工大学的 Franck 研究组。

东京大学的 Kumada 等人采用静电探头测量绝缘子表面电位,并结合电荷反演算法获得绝缘子表面电荷的分布[41-44]。他们采用圆锥形绝缘子作为研究对象,研究了直流电压下缩比 GIL 模型中绝缘子表面电荷的分布规律。他们在一组实验中发现,圆锥绝缘子平面上积聚的电荷比斜面上更多(图 1.10(a)),推测电荷的积聚是由表面电流引起的[43]。为了验证该猜测,他们对绝缘子的部分表面用砂纸进行打磨,发现在表面电导突变的地方(打磨区域和未打磨区域的交界处)容易积聚大量电荷(图 1.10(b)),因此认为绝缘子表面电导的不均匀是造成表面电荷积聚的主要原因[43]。然而,他们的另一研究发现,圆锥绝缘子斜面上积聚的电荷比平面上更多[44],这与文献[43]中的结果恰好相反。另外,斜面上积聚的电荷和所加电压极性相反且基本呈辐射状分布(图 1.10(c)),他们认为这是由绝缘子表面吸附的微小金属颗粒引起并在切向电场作用下形成的。

慕尼黑工业大学的 Kindersberger 研究组针对直流气体绝缘设备中的表面电荷问题展开了一系列研究[45-49]。他们以圆柱绝缘子为研究对象,采用有源静电探头“在线”测量其表面电位,研究其在长期直流带电情况下的变化情况。发现在刚开始加压时,绝缘子表面电位的初始分布为“电容性分布”;而随着加压时间的增加,表面电位会逐渐变为“电阻性分布”[46](图 1.11)。该测量持续了整整一年,发现该过程仍未达到稳态[47]。同时,Kindersbeger 等人建立了可表征绝缘气体体电流密度与电场强度间非线性关系的气-固界面电荷积聚模型,综合考虑了绝缘子的体电流、绝缘子表面的面电流,以及气体中的离子流对表面电荷积聚的影响。从仿真结果来看,绝缘子表面积聚何种极性的电荷主要取决于绝缘材料体电流和气体中离子流的相对大

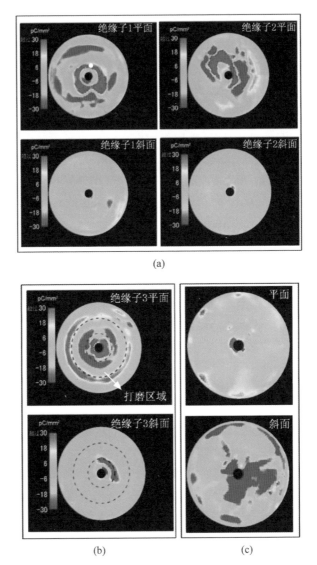

图 1.10　Kumada 研究组的实验结果

(a) 未打磨绝缘子；(b) 打磨后的绝缘子；(c) 另一实验结果

实验条件：+30 kV,280 h,1 atm SF$_6$

小,因此,表面电荷积聚的主导机理可能会随着实验条件的变化而发生改变[45]。在他们的模型中,通过对有些物理参数的适当选取,仿真结果能够与实验结果很好地对应,仿真结果预计绝缘子表面电位达到稳态需要

40 000 h 以上（图 1.11）[47]。另外，他们还研究了绝缘材料表面电荷的消散过程[50-51]。

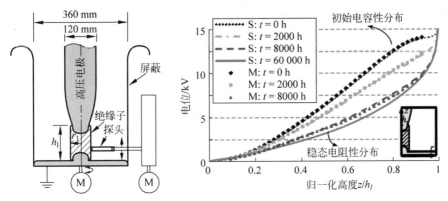

图 1.11 Kindersberger 研究组的实验装置和实验/仿真结果

苏黎世理工大学的 Franck 研究组采用与 Kindersberger 类似的物理模型对圆锥形绝缘子的表面电荷进行了仿真，并在模型中考虑了温度梯度的影响[52-53]。从仿真结果来看，他们认为，在没有其他电荷来源的情况下（仅考虑气体中自然辐射所产生的正负离子），固体的体电流在表面电荷的积聚中占主导；然而，在实际情况中，电荷积聚的主导因素与电极结构和所加电压大小相关[53]。Franck 等人还对圆柱形聚四氟乙烯绝缘子表面电位分布进行了测量，发现气体中的离子流是绝缘子表面电荷的来源之一。而且加压时间越长，电压越高，测得的电荷密度比采用仿真模型计算的结果更大，说明除了自然辐射产生的离子外，还有其他的电荷来源[54]。为了验证电极表面的微小突起可能是气体中额外的离子来源，他们采用不同粗糙度的电极进行实验，发现粗糙度大于 2 μm 的铝电极在电场强度大于 7.1 kV/mm 时可能引起 0.5 MPa SF$_6$ 气体的电离，影响绝缘子表面电荷积聚[55]。事实上，之前也有研究发现，若在电极表面涂覆绝缘涂料，则绝缘子表面的电荷密度将显著低于裸电极下的电荷密度，说明粗糙的电极表面可能是电荷的来源之一[56]。

国内对于绝缘子表面电荷的相关研究始于 2000 年左右，西安交通大学的汪沨、邱毓昌等人最早对绝缘子的表面电荷积聚现象进行了研究，对直流电压和冲击电压下电荷积聚特性进行了实验分析[57-62]，汪沨在湖南大学还进行了一些后续研究[63]。他们发现，在直流电压和冲击电压下，随着加压幅值的增加，绝缘子表面电荷的极性会发生正负翻转。此外，还发现负电荷比正电荷更易积聚于绝缘子表面。

华北电力大学的丁立健等人对真空中的氧化铝陶瓷绝缘子进行了表面电荷积聚的研究[64-65]。他们发现真空中绝缘子的表面电荷积累与预闪络现象密切相关,只有在加压过程中存在预闪络现象时才会有表面电荷分布的变化;并提出表面电荷的积聚是由于电极附近局部场强过高而引发场致发射,绝缘子表面陷阱俘获载流子而形成的。近年来,华北电力大学的齐波、李成榕等人还搭建了一套基于 252 kV GIS 的盆式绝缘子表面电荷三维测量平台,对不同电压下(交流/直流/冲击)绝缘子表面电荷的积聚特性和其对闪络电压的影响进行了研究[66-68]。他们发现在直流电压下,盆式绝缘子表面(凸面)在正电压下主要积聚正电荷,在负电压下主要积聚负电荷[66]。在有电荷积聚的情况下,绝缘子的直流沿面闪络电压最大可下降 23%[67]。

清华大学的王强、张贵新等人研制了一套四维机器人系统,可以自动测量盆式绝缘子表面电位分布(图 1.12(a)),并应用电荷反演算法计算出表面电荷的密度分布[69]。得到直流电压下盆式绝缘子表面电荷积聚的主要特征为:电荷积聚存在电压阈值效应,当所加电压幅值超过某一阈值时,才发生电荷的积聚[70];盆式绝缘子表面(凹面)主要积聚单一极性的电荷,在空气中,绝大部分表面电荷与所加电压极性相同,而在 SF_6 中情况相反(图 1.12(b))。王强等人认为气体侧的局部放电是表面电荷的主要来源[70]。

重庆大学的王邸博、唐炬等人针对直流电压下 GIS 支柱绝缘子表面电荷的积聚特性进行了相关研究[71-72]。他们认为气-固界面电荷积聚的根本原因是气-固界面处的法向电场分量,自由电荷在电场作用下迁移到绝缘子表面是电荷积聚的主要途径;绝缘子表面如果存在较大的切向电场,也会对电荷积聚起到一定作用[71]。他们还提出了"正负电荷密布"的概念,认为绝缘材料表面可能同时存在着密集分布的正电荷和负电荷,在考虑气-固界面电荷对沿面闪络的影响时,不能只考虑净电荷对沿面电场的畸变作用,也应考虑密布的正、负电荷在沿面放电过程中的影响[72]。

天津大学的杜伯学[73-74]、西安交通大学的张冠军[75-76]等研究组还对平板形绝缘材料的表面电荷积聚特性进行了研究。这些研究所用的绝缘材料和电极布置与实际的气体绝缘设备有所不同,观察到的现象也多种多样,虽然对表面电荷积聚机理有一定的指导意义,但无法直接用于直流 GIS/GIL 的绝缘设计,因此本书不再详述。

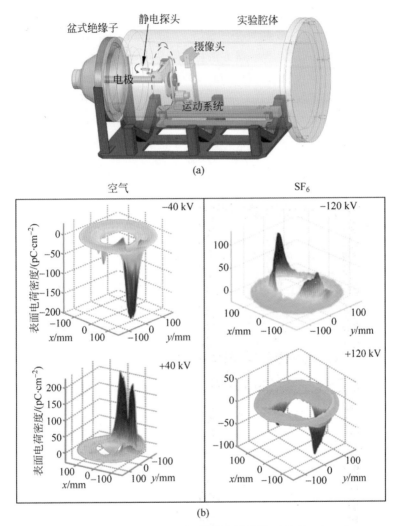

图 1.12　王强等人的实验装置和实验结果

（a）实验装置；（b）实验结果

1.2.3　气-固界面电荷积聚的研究现状小结

基于对气-固界面电荷积聚研究现状的梳理，对以下三个方面的内容进行小结。

1）固体绝缘介质表面电荷的测量方法

目前，人们用来观测固体绝缘介质表面电荷的方法主要有三种：粉尘图法、静电探头法和泡克尔斯效应法（Pockels effect）。

　　粉尘图法又称"利希滕贝格图法"（Lichtenberg figure），是最早实现电荷分布可视化的方法[77-78]。该方法将带正负电荷的粉尘撒在绝缘子表面，表面有电荷的区域将吸附带异号电荷的粉尘，从而显示出电荷分布。人们常常使用颜色差异较为明显的彩色粉尘作为带电粉尘使结果更为直观，如带正电的红色氧化铅和带负电的硫磺等。20 世纪 80 年代对表面电荷的早期研究大多采用该方法，如图 1.8 所示。然而，该方法不能定量表征电荷密度，且会破坏材料表面状态，无法连续测量，因而目前较少使用。部分研究者采用该方法对用其他方法测量的结果进行验证[41,79]，如图 1.13 所示。

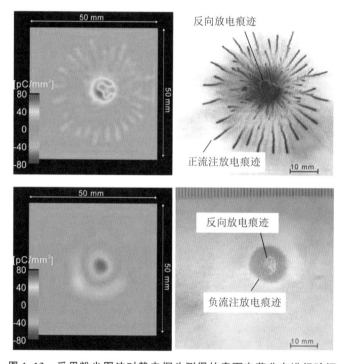

图 1.13　采用粉尘图法对静电探头测得的表面电荷分布进行验证

　　静电探头法是目前使用最广泛的表面电荷测量方法，可分为无源静电探头和有源静电探头两种，分别采用静电分压和振动反馈原理对被测表面的电位进行测量，其具体的工作原理和特点将在第 2 章中详细介绍。总体来看，静电探头法的主要缺点是不能用来"在线"测量电荷的动态变化，且空间分辨率有限；但是，它具有较宽的测量范围和较高的测量精度，可以定量观测电位(或电荷)分布[80]。近年来,采用和有源静电探头相同原理的开尔文探头被用在静电力显微镜上,为研究者提供了表征固体材料微观表面静电势能、电荷分布和电荷输运的新手段。

利用泡克尔斯效应测量介质表面电荷分布的想法由日本学者 T. Takada 在 1991 年首次提出[81]。某些透明光学晶体的折射率与所加电场强度的一次方成正比改变的现象称为"泡克尔斯效应"。当固体绝缘介质的表面存在电荷时,若将泡克尔斯晶体紧贴介质表面,其内部会形成电场。此时,将一束偏振光入射到泡克尔斯晶体中,该偏振光将发生双折射,产生 o 光和 e 光,两束光的相位差与光入射方向上的电场强度成正比[69]。通过光学元件可将该相位差的变化转变为光强的变化,这样就可以通过测量光强的分布得到泡克尔斯晶体中电场强度的分布,再通过数值计算可以得到介质表面相应的电荷分布[82]。泡克尔斯效应法的最大优点是能够实现表面电荷的"在线"测量,即使存在外加电压,测量过程也不会受到影响,而且测量速度快,空间分辨率高[80]。但是,该方法对于电极的布置和材料的选择十分苛刻,适用于测量薄膜材料的表面电荷分布[80]。同时,由于电光晶体的静电弛豫效应,该方法只能用来测量交变电场或瞬态冲击作用下的表面电荷分布,在直流电压下进行测量还有诸多问题[83]。东京大学的 Kumada 等人利用泡克尔斯效应,将电光晶体做成电位探头(图 1.14)来实现绝缘子表面电荷的测量,达到了和静电探头相当的测量精度和空间分辨率[84],为该方法的应用提供了新的思路。

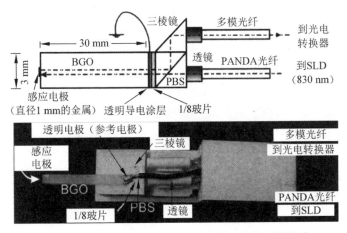

图 1.14 基于泡克尔斯效应设计的表面电位测量探头

2）气-固界面电荷积聚的机理

根据诸多研究者的分析,气-固界面电荷积聚的方式无外乎三种:①通过固体绝缘材料内的体电流积聚;②通过固体绝缘材料的表面电流积聚;③通过气体的体电流积聚。正如1.2.1节所讨论的,虽然气-固界面电荷积聚的三种模型在20世纪末就已经提出,但因为影响电荷积聚的因素众多,针对某一种特定情形下的电荷积聚机理仍存在许多争议和分歧[80]。比如前文中提到的,日本三菱公司的 Nakanish 和东京大学的 Kumada 都认为绝缘子的表面电导是电荷积聚的主要途径。而清华大学的王强、重庆大学的王邸博等人认为气体侧传导是造成气-固界面电荷积聚的主要原因,电荷可能来自于气体侧的局部放电。近年来,华北电力大学的马国明[85]、ABB 公司的 Gremaud[86-87]等人发现,在洁净且干燥的气体绝缘系统中,固体侧的电导是绝缘子表面电荷的主要来源。而日本东京电力公司的 Okabe 等人则是认为上述三种途径都会造成气-固界面电荷的积聚[88]。

3）气-固界面电荷积聚的影响因素

影响气-固界面电荷积聚的因素与电荷积聚的机理相关。对于理想的双层电介质材料,在阶跃电压下,根据界面极化理论,其界面电荷密度可以表示为[60]

$$\sigma(t) = \frac{\varepsilon_s \gamma_g - \varepsilon_g \gamma_s}{A \sigma_g + B \sigma_s} (1 - \mathrm{e}^{-t/\tau_0}) U \tag{1-4}$$

式中,A 和 B 分别为两层介质的厚度,实际上与绝缘子形状和电极结构相关;γ_s,γ_g 和 ε_s,ε_g 分别为固体和气体的电导率和介电常数;U 为外加电压幅值。由上式可见,绝缘子形状和电极结构,加压幅值、极性和时间,以及材料的电学参数等都会直接影响气-固界面电荷积聚。此外,还有许多间接因素也会影响电荷的积聚。例如:

（1）温度。显然,温度越高,绝缘材料的体积电导率增大,因而固体侧的体电流增大,会间接影响绝缘子表面电荷的分布[54]。另外,温度梯度的存在可能会带来 GIL 内部的气体流动,从而影响气体侧离子流场的分布[89]。还有研究发现,在导体上有微放电、电晕放电等现象存在时,温度升高会造成起晕电压下降,影响气体侧的电导[72]。因此,温度对气-固界面电荷积聚的影响较为复杂。

（2）绝缘子的表面状态。主要包括表面粗糙度、湿度,以及微小金属颗粒的影响等。一方面,绝缘子表面粗糙程度会改变其表面电导;另一方面,绝缘子表面如果存在凸起或凹陷等缺陷,可能造成局部电场的改变,影响电荷积聚。湿度也会改变绝缘材料的表面电导,不同材料的亲水性不同,对湿度的敏感性也存在差异[90]。金属颗粒污染也是 GIL 中最常见的问题之一,这些微米级的金属颗粒在静电力作用下吸附在绝缘子表面,可能会引发局部电场增强,导致局部的电荷积聚[44]。

(3) 其他因素。包括气体气压、气体种类、辐照情况以及电极表面状态等。气压的高低和气体的种类并不会影响固体材料的介电性质,而是主要通过影响气体中的电离来影响气-固界面电荷的积聚[91]。在直流 GIL 中,宇宙射线的辐照很弱,几乎不会影响绝缘子表面的电荷积聚。然而,在一些特殊装置中,如 ITER 装置,高能射线的辐照非常严重,导致气体电导率可达 10 S/m,使得绝缘子表面电荷积聚的主要途径由固体侧电导转变成气体侧电导[92]。此外,在太空中使用的绝缘材料也会由于伽马射线的辐照而逐渐改性,导致表面电荷的分布发生变化[93-94]。

1.2.4 气-固界面电荷积聚研究存在的问题

虽然国内外的研究者们已经对气-固界面电荷积聚现象进行了大量研究,但是仍然有许多不足,其中一些存在的问题归纳如下:

第一,气-固界面电荷的测量技术仍需改进。目前,绝大多数的研究者都采用静电探头法研究气-固界面电荷的积聚现象。然而,通过静电探头的输出只能得到绝缘子表面电位的分布,并不能得到实际电荷密度的分布。尤其对于形状复杂的圆锥形或盆式绝缘子,其表面电位分布和电荷分布之间具有显著的差别[72,84,95]。如果只根据电位分布来分析实际的电荷分布,往往会忽略大量的细节信息,不利于深入研究电荷的积聚现象和机理。因此,非常有必要根据绝缘子的表面电位分布计算出表面电荷密度分布。目前,针对该问题的算法都需要通过对大维数传递函数矩阵的求逆运算来实现。当模型网格划分过多时,求逆运算不但消耗大量时间,而且大维数矩阵求逆带来的病态问题会导致计算误差无法接受;而降低划分网格数又会使计算结果的分辨率大大降低,很难在实际中应用[96-97]。为了获得更高分辨率的电荷密度分布,观测绝缘子表面电荷的分布细节,需要搭建精密的电荷测量平台,采用更精确的电荷反演算法,并对算法的分辨率和误差进行准确评估。

第二,对气-固界面电荷积聚的不同模式还未有深入的研究。正如前面讨论的,目前国内外针对绝缘子表面电荷的来源和积聚的机理还没有达成共识。一方面是因为目前很难直接并精确地测量出绝缘子表面实际的电荷密度分布;另一方面是由于影响表面电荷积聚的外界因素太多,使表面电荷的分布往往呈现随机性和非均匀性[15,36,70],并非理论情况下的规律分布,影响了研究者对实验现象的分析。目前,还未有研究者对气-固界面电荷积聚的不同模式展开过讨论,也没有分类研究造成这些积聚模式的相关机理。只有在20世纪80年代,Cooke等人曾提出过表面电荷积聚可能有均匀带电和不均匀带电等不同形式[38],但限于当时的测量技术水平有限,实验结果比较粗糙,只能对实验现象进行定性分析;且当时的结论仅为猜测,缺乏确凿的证据。显然,针对绝缘子表面电荷积聚现象的研究还不够细致,如何对气-固界面电荷积聚的不同模式进行区分,并对不同模式的积聚特性和积聚机理加以总结,尚需更深入的工作。

第三,缺乏有效的绝缘子材料改性方法实现气-固界面电荷的主动抑制。目前,绝大多数对于气-固界面电荷积聚的研究都集中在实验现象的分析和积聚机理的讨论方面,并没有针对性地提出抑制绝缘子表面电荷积聚的有效手段。一些研究者从优化电场分布出发,提出了一些优化绝缘子结构的方法来抑制电荷的积聚[85,98]。绝缘子结构优化不需要引入其他材料,因而在工程上较易实现,但是GIL绝缘子(尤其是盆式绝缘子)还需要兼顾力学等属性不受影响,实际中能够优化的空间有限,不能从根本上解决问题。绝缘子材料的改性是解决绝缘子表面电荷积聚问题的有效手段。虽然已有一些仿真研究为绝缘材料的改性提供了一些参考[45,92,99],也有研究者提出了一些绝缘子改性的方法[100-101],但是仿真结果和小试样的实验结果在实际绝缘子上的表面电荷抑制效果仍有待实验验证。探索应用新技术、新方法和新材料实现对气-固界面电荷的主动调控和抑制,是未来研制高压直流气体绝缘设备的关键。

1.3 本书的主要工作

本书围绕上述问题将开展以下几方面的工作:

(1)根据被测对象的几何形状,分别研究"平移改变"和"平移不变"两种系统的气-固界面电荷反演算法。借鉴数字图像处理领域的相关概念,采用维纳滤波器对大维数传递函数矩阵的病态特性进行改善,降低系统噪声,提高反演计算的稳定性。同时,基于点扩散函数的空间频域分布特性,研究测量和反算系统的空间分辨率,并根据仿真算例对反演算法的计算精度进行评估。

　　(2) 搭建一套基于缩比 GIL 模型的绝缘子表面电荷高精度测量平台，以有源静电探头和电荷反演计算为手段，研究多种因素共同作用下气-固界面电荷的积聚特性，探究气-固界面电荷积聚的不同模式和相应机理。根据直流电场中气-固界面电荷可能的产生来源，建立多物理场仿真模型，研究不同因素对气-固界面电荷积聚特性的影响，并通过实验对气-固界面电荷积聚理论进行验证。

　　(3) 通过设计对比实验，以有源静电探头和电荷反演计算为手段，观测环氧树脂复合材料在不同情况下的表面电荷消散现象，探究环氧树脂复合材料的表面电荷消散机理；建立描述气-固界面电荷消散动力学过程的物理模型，并结合不同材料的对比实验，厘清不同消散机理主导下的气-固界面电荷消散过程，系统揭示气-固界面电荷的消散特性。

　　(4) 基于对气-固界面电荷积聚和消散机理的讨论，从本体改性和表面改性两个方面入手，提出通过绝缘子材料改性抑制表面电荷积聚的新方法。在本体改性方面，提出纳米氧化铝掺杂和富勒烯掺杂两种技术手段，提高绝缘子本体陷阱能级，抑制载流子在绝缘材料中的迁移，达到降低绝缘材料体积电导率的目的。在表面改性方面，提出了氟化处理和二维纳米涂层两种方法，在不改变绝缘材料本体绝缘性能的同时，在表面增加疏导电荷扩散的薄层，达到抑制表面电荷积聚的目的。

第 2 章　基于缩比 GIL 的气-固界面电荷测量系统设计

本章首先介绍绝缘子表面电位的测量方法——静电探头法的原理,并着重研究有源静电探头的引入对原始电场的影响。其次,搭建了一套基于缩比 GIL 的气-固界面电荷测量平台,设计了针对该平台的自动控制系统,实现了对圆锥形模型绝缘子表面电位的精确扫描;同时,针对平板形绝缘子,也搭建了一套气-固界面电荷测量系统,实现了对二维平面的自动扫描;最后,为了对气-固界面电荷测量结果进行辅助验证,搭建了粉尘室,用于制作绝缘子表面电荷的粉尘图。

2.1　静电探头法的测量原理

能够对固体介质表面电荷进行定量研究的方法包括静电探头法和电光效应法。电光效应法对被测材料的性质以及光路的布置都有苛刻的要求,无法满足对 GIL 中绝缘子表面电荷的测量需求,因此,本研究中选择采用静电探头法。根据测量原理的不同,静电探头又可分为无源静电探头和有源静电探头,以下分别对两种探头的测量原理进行简单介绍。

2.1.1　无源静电探头的测量原理

无源静电探头基于静电感应原理,实际为一电容分压器[60]。其结构示意图和等效电路如图 2.1 所示,主要包括三部分,即感应电极、金属外壳和它们之间的绝缘支撑。金属外壳与地连接,感应电极后端与已知大小的电容 C_1 连接。

假设被测表面的面积为 A(静电探头的等效面积),电荷密度为 σ,根据图 2.1,被测表面的对地电位 U_s 与电荷密度的关系为

$$U_s\left(C_s + \frac{C_o C_{ps}}{C_{ps} + C_o}\right) = \sigma A \tag{2-1}$$

而输出电压 U_o 与 U_s 的关系根据电容分压可得:

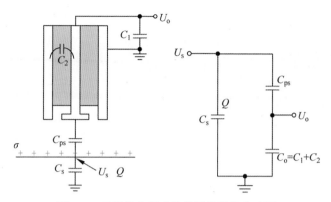

图 2.1　无源静电探头结构及其等效电路图

C_o：测量电路的输入电容 C_1 及探头同轴圆柱结构的电容 C_2，构成分压器的低压电容；
C_{ps}：探头感应电极与被测表面之间的等效电容，构成分压器的高压电容；C_s：被测表面对地的等效电容；Q：探头正下方被测表面所带的电荷量

$$U_o = \frac{C_{ps}}{C_{ps} + C_o} U_s \tag{2-2}$$

因此，探头的输出电压为

$$U_o = \frac{C_{ps}}{C_{ps} + C_o} \frac{\sigma A}{C_s + \dfrac{C_o C_{ps}}{C_{ps} + C_o}} \approx \frac{C_{ps}}{C_o} \frac{\sigma A}{C_s + C_{ps}} \quad (C_{ps} \ll C_o) \tag{2-3}$$

故

$$\sigma \approx \frac{C_o}{A}\left(1 + \frac{C_s}{C_{ps}}\right) U_o \approx \frac{C_o}{A} U_o \quad (C_s \ll C_{ps}) \tag{2-4}$$

式中，定义 $M = (1 + C_s/C_{ps}) C_o/A \approx C_o/A$ 为测量系统的标度系数。由于入口电容 C_o 和静电探头的大小都是固定值，所以标度系数 M 也是确定的，M 的值可以通过实验的方法获得。

由于无源静电探头是通过测量探头上感应到的静电电位来获得表面电荷密度的，所以，与普通电容分压器不同的是，用于测量该系统低压侧电压的装置必须具有足够大的输入阻抗。否则，泄漏电流会对测量结果造成很大的误差，甚至根本得不到测量结果[65]。所以，对无源静电探头中的绝缘支撑、连接头和引线的等效阻抗以及电压测量仪表的输入阻抗都有极高的要求。其次，由于无源静电探头的金属外壳接地，当探头端部靠近被测表面时，容易造成探头外壳和被测表面之间的气体击穿。同时，接地的金属外壳和被测表面之间会形成很强的静电场，容易改变被测表面的原始电荷分布

和电场分布。

　　另外,值得注意的是,由式(2-1)～式(2-4)可见,被测表面上每一点的电荷密度与测量电位之间的线性关系是由各部分的电容耦合关系建立起来的。对于平板形和圆柱形绝缘子,其几何形状具有一定的线性平移不变特性,在实验测得 M 值后,可以近似将被测表面上各测量点处的 M 值视为相等,只需对测得的电位值乘以标度系数 M 就可得到电荷密度的大小,此时电位的分布和电荷的分布一致,仅单位发生了变化,文献[60]、文献[65]、文献[66]、文献[73]等都采用该方法获得了圆柱形绝缘子的表面电荷密度。然而,对于圆锥形(或盆式)绝缘子,其表面形状不具有线性平移不变特性,当探头在其表面的不同点时,等效电路中的 C_{ps} 和 C_s 都不相同,因此各点的标度系数 M 也不同。而在一般情况下,C_{ps} 和 C_s 的大小是无法确定的,同时式(2-3)和式(2-4)中存在近似关系,很难准确地将探头测量电位转化为电荷密度。

　　由于无源静电探头存在上述种种缺点和限制,并不适合本书中的研究。本书将采用有源静电探头进行表面电荷的测量,下面介绍有源静电探头的测量原理。

2.1.2　有源静电探头的测量原理

　　有源静电探头又叫"开尔文探头"(Kelvin probe),它和静电计一起组成了表面电位测量系统,其测量原理如图 2.2 所示[102]。在有源静电探头的内部,有一个受正弦波振荡器控制的感应电极,感应电极的振动方向垂直于被测表面,以正弦规律改变感应电极和被测表面之间的距离。当探头靠近被测表面时,感应电极与被测表面之间会产生一等效电容 C,它的大小可由下式表示[103]:

$$C = \frac{\varepsilon S}{D_0 + D_1 \sin(\omega t)} \tag{2-5}$$

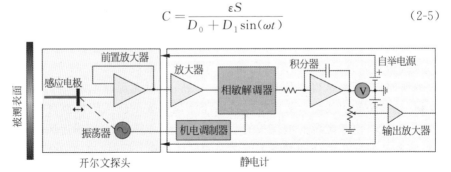

图 2.2　有源静电探头和静电计的测量原理

式中,ε 为探头与被测表面之间气体的介电常数;D_0 为感应电极和被测表面之间的距离;D_1 为感应电极的振幅;ω 为感应电极振动的角频率;S 为感应电极的表面积。假设被测表面的电位为 U_1,探头上的电位为 U_2,二者的电位差为 $\Delta U = U_1 - U_2$。如果此时 $\Delta U \neq 0$,那么感应电极中会流过电流 i,其大小为[103]

$$i = \Delta U \frac{dC}{dt} = -\varepsilon \Delta U S \frac{\omega D_1 \cos(\omega t)}{\left[D_0 + D_1 \sin(\omega t) \right]^2} \tag{2-6}$$

振荡器带动感应电极所产生的振幅 D_1 很小,为微米量级,而 D_0 一般为毫米量级,故 $D_1 \ll D_0$,因此 $D_0 + D_1 \sin(\omega t) \approx D_0$。则式(2-6)变为

$$i \approx -\frac{\varepsilon \Delta U S \omega D_1 \cos(\omega t)}{D_0^2} \tag{2-7}$$

式中,气体的介电常数 ε、感应电极的面积 S、振动频率 ω 和振动幅度 D_1 为常数,由式(2-7)看出,电流 i 正比于电位差 ΔU,反比于 D_0^2。因此,如果在使用有源静电探头测量时保持 D_0 不变,那么 i 仅与 ΔU 相关。通过两级放大电路将 i 放大后输入静电计中的相敏解调器,将交流信号转化成直流信号。用该直流信号的大小控制静电计中的内置电压源输出直流高压至探头,此时 ΔU 变化,导致 i 随之改变,从而形成负反馈,使探头电位逐渐逼近被测表面电位。当 $\Delta U = 0$ 时,$i = 0$,反馈达到稳态,此时静电计中电压源的输出电压(探头电位)就是被测表面的电位。

实际上,在应用有源静电探头进行电位测量时,被测点处的探头输出电位是被测表面所有面电荷共同作用的叠加。所以,采用该方法研究气-固界面电荷的关键是,如何根据探头测得的绝缘子表面电位分布计算出绝缘子表面电荷密度分布,这就是基于表面电位的表面电荷反演计算。该问题将在第 3 章中进行详细的介绍。

2.1.3　有源静电探头对电场的影响

根据 2.1.2 节的介绍,有源静电探头采用了电场补偿的原理,探头的电位逐渐逼近被测表面的电位,直至两者相等。所以,与外壳接地的无源静电探头相比,它对原始被测电场的影响要小得多。但是,该探头的存在相当于在初始电场中伸入了一个高压电极,所以有必要对其影响程度进行分析。

为此,利用有限元分析软件 COMSOL Multiphysics 可建立包括被测物、电极以及探头在内的测量系统模型,根据有源静电探头的测量原理进行数值计算。本节中以圆柱形绝缘子和圆锥形绝缘子为研究对象,由于探头

的存在,测量系统不对称,必须建立三维模型,如图 2.3 所示。其中圆柱形绝缘子的高为 100 mm,直径为 80 mm,高压电极和地电极固定在绝缘子两端。圆锥形绝缘子的外径为 100 mm,内径为 12 mm,高为 17.5 mm,中心为高压电极,圆周法兰为地电极。以 Trek555-P 型有源静电探头作为模型,其参数为长 5.6 mm、宽 5.6 mm、高 49.8 mm。测量时,探头沿着绝缘子的母线移动,与被测表面始终保持垂直,两者间距离保持为 3 mm,如图 2.3(b)和(d)所示。在两种情况下,高压电极的电压均设为 3 kV。

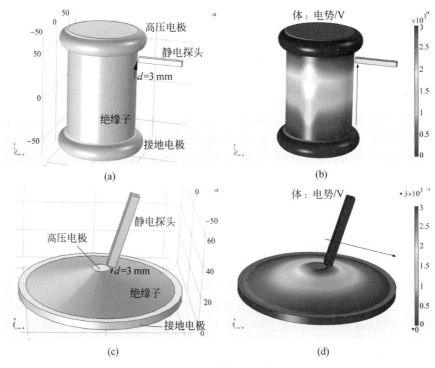

图 2.3　绝缘子模型和仿真结果

(a) 圆柱绝缘子模型;(b) 圆柱绝缘子仿真结果;(c) 圆锥绝缘子模型;(d) 圆锥绝缘子仿真结果

为了计算探头的输出电位 φ_p,在数值计算过程中采用迭代的方法,模拟有源静电探头的负反馈原理,使探头的电位逐步逼近探头正对着的绝缘子表面电位,每步计算依据经典的静电场计算。迭代计算的程序流程如图 2.4 所示。

首先,在模型中设置探头外壳的初始电位 $\varphi_{p(i=1)}=0$,结合其他边界条件,计算测量系统的电场。其次,根据计算结果,考察探头和被测表面之间

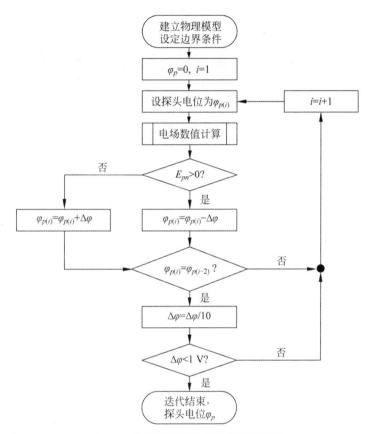

图 2.4　迭代计算探头电位的程序流程

的法向电场强度 E_{pn} 的方向,并对探头的电位进行相应修正。以探头表面指向绝缘子方向为正,如果 $E_{pn} > 0$,说明设置的探头电位大于被测表面的电位,需要减小 $\Delta\varphi$;反之,需要将探头电位增大 $\Delta\varphi$。接着,对修正后的探头电位进行检查。如果修正后的探头电位 $\varphi_{p(i)} \neq \varphi_{p(i-2)}$,则设探头电位为 $\varphi_{p(i)}$,置 $i = i+1$,进行新的电场计算。如果修正后的探头电位 $\varphi_{p(i)} = \varphi_{p(i-2)}$,说明场强 E_{pn} 经历了一次正负反转,逼近方向发生了改变,需要减小修正步长 $\Delta\varphi$(减小一个数量级 $\Delta\varphi = \Delta\varphi/10$),并继续进行计算。一旦修正步长 $\Delta\varphi$ 小于 1 V,则程序中止,认为此时的探头电位就是被测表面的电位。

图 2.5(a)给出了在高压电极电位为 3 kV 时,在圆柱绝缘子母线方向上用静电探头测得的表面电位(上述迭代计算的结果),以及没有静电探头时绝缘子母线上的实际电位分布。从图中可以看出,用静电探头测得的表

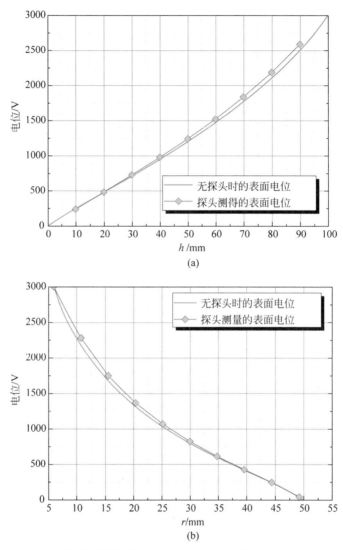

图 2.5 探头测量的表面电位和没有探头时的实际电位对比

（a）圆柱绝缘子；（b）圆锥绝缘子

面电位分布曲线和实际的电位分布基本趋势一致，但数值上略有差异。当 $h<20$ mm 时（低压部分），采用静电探头测得的电位比实际电位略低，偏差很小；当 $h>20$ mm 时（高压部分），采用静电探头测得的电位比实际电位偏高，这是由于静电探头的引入相当于在系统中引入了一个新的高压电极。当 $h=80$ mm 时，两者的偏差最大，探头的测量值比实际值大 82 V，相对偏差为 3.9%。同样地,对于圆锥绝缘子,如图 2.5(b)所示,在靠近高压的部分,静电探头测得的电位略大于实际电位,最大相对偏差为 4.4%。

可见,由于有源静电探头和被测表面等电位,探头的引入对测量结果的影响并不大,最大相对偏差只有 4% 左右,其测量结果准确可信。

2.2　基于缩比 GIL 的气-固界面电荷测量平台

2.2.1　绝缘子制作和电极结构设计

本书选用 GIL 中盆式绝缘子最常用的掺杂微米氧化铝的环氧树脂复合材料作为实验用绝缘子的材料,采用与工业生产完全一致的浇注工艺制作绝缘子。

首先,按一定比例将固态双酚 A 型环氧树脂 EP1 与液态脂环族环氧树脂 EP2 制成混合树脂,在 135℃下预热 4 h,并进行脱气预处理后待用。同时,按一定比例将甲基四氢苯酐液态酸酐 H1、多官能度液态酸酐 H2 混合,制成固化剂,在 135℃下预热 4 h 待用。微米级 α-Al_2O_3 作为填料,在 135℃下预热 4 h,随后将其加入到混合树脂当中,填料的质量分数为 75%。在高速搅拌机下混合均匀后,在真空度小于 1000 Pa 的真空干燥箱中脱气 2.5 h 完成预混。再将固化剂按一定配比与预混部分进行共混,125℃下抽真空约 10 min 后倒入已预热的模具中,然后在固化炉中按固化条件 105℃/15 h+150℃/20 h 进行固化。最后,脱模取出绝缘子,并对其进行一定的机加工和其他例行检查。上述具体的浇注流程如图 2.6 所示,所用模

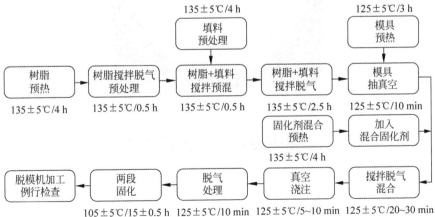

图 2.6　环氧树脂复合绝缘子的浇注工艺流程

具的照片如图 2.7 所示。

图 2.7　环氧树脂复合绝缘子模具照片

由于实际 GIL 中的盆式绝缘子结构十分复杂，不利于对其表面电荷的测量和对电荷积聚机理的分析，因此需要对其进行简化。为此，基于实际的盆式绝缘子形状，抽象并设计出了如图 2.8 所示的圆锥形绝缘子。圆锥形绝缘子的直径为 100 mm，边缘厚度为 5 mm，中心厚度为 17.5 mm。绝缘子外围为厚度为 5 mm 的铝制法兰，中心为直径为 12 mm 的铝制嵌件，均在浇注过程中和绝缘子注成一体。

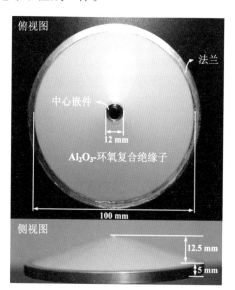

图 2.8　圆锥形环氧树脂复合绝缘子的尺寸结构

为了模拟 GIL 中盆式绝缘子的工作状态，设计了如图 2.9 所示的电极结构。其中，被试绝缘子通过法兰安装在接地圆筒中，圆柱形高压电极从中

心穿过,形成一个缩比的 GIL 模型单
元。中心电极主体直径为 20 mm,穿
过绝缘子部分的直径为 12 mm。

　　这种模型绝缘子的工作状态具有
如下特点:①高压电极和圆锥形的绝
缘子同轴布置;②绝缘子工作在稍不
均匀场下;③绝缘子所承受的电场与

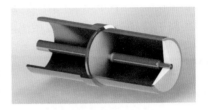

图 2.9　缩比 GIL 的结构

介质表面存在一定夹角,使气-固界面处的电场既有切向分量,又有法向分
量。上述特点和 GIL 中实际使用的盆式绝缘子工况一致。使用 COMSOL
软件对绝缘子在直流电压下的电场分布情况进行了仿真,如图 2.10 所示
为+20 kV 电压作用下电场线和电场强度的分布。可以看出,通过对绝缘
子和电极尺寸的优化选择,在绝缘子的斜面,电场线具有显著的法向分量,
且法向分量的方向一致;而在绝缘子的平面,电场线的法向分量很小,基本为
切向分量。这样的电场分布,有助于在后续实验中对表面电荷来源的分析。

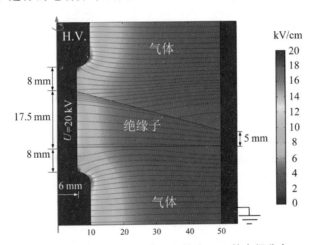

图 2.10　+20 kV 直流电压下缩比 GIL 的电场分布

2.2.2　实验装置和测量平台

　　本实验在如图 2.11 所示的气-固界面电荷测量平台上开展,整个测量
装置放置在密闭的实验腔中,每次实验前,由真空泵将实验腔抽成真空后充
入实验气体到所需压强,以保证每次实验的气体环境一致。高压由高压直
流发生器产生,经过保护电阻,施加到缩比 GIL 的中心电极上。实际的

GIL 在负载运行的情况下,中心导杆由于载流的作用而产生欧姆热,其温度往往高于接地外壳。为模拟该温度梯度,利用一套油浴加热装置,对中心导杆进行加热。中心电极内部为空心结构,设计有特殊的循环油路,末端与外部油路相连,在终端油泵的作用下,被加热的硅油在油路中不断循环,达到对中心导杆恒温加热的目的。

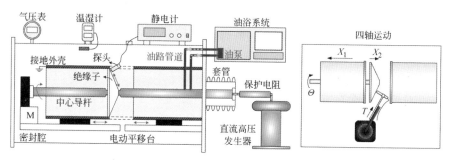

图 2.11　基于缩比 GIL 的气-固界面电荷测量平台

由于测量过程中需保证气体环境不变,实验腔体不能打开,所以所有的测量过程通过一套四轴运动控制系统自动完成。当需要对绝缘子表面电位进行测量时,断开高压电源,X_1 轴电机动作,GIL 的接地外壳通过电动平移台自动向两边打开;接着,X_2 轴电机控制左端中心电极向右运动,绝缘子脱离接地外壳;随后,静电探头在 T 轴平移台的作用下,由接地外壳之外移向绝缘子表面;探头沿绝缘子半径方向移动的同时,绝缘子在 Θ 轴电动旋转台的带动下协同旋转,形成插补运动,从而静电探头以螺旋形的轨迹完成对整个绝缘子表面的扫描。四轴协同运动如图 2.11 右侧图所示。

在整个测量过程中,探头与绝缘子表面垂直并且始终保持 2 mm 的距离。采样点数为 15 840 个点(44×360),即:整个绝缘子表面被分为 44 周,每隔 1°采样 1 次。值得注意的是,该系统中所使用的电动平移台采用了先进的光栅尺进行位置的闭环控制,具有精度高、速度快、载荷大的优点,线性控制精度达到±0.05 mm,旋转控制精度达到±0.01°,可以实现绝缘子表面的精确定位和扫描,扫描整个表面需用时 660 s。

根据研究情况的不同,本书中所采用的静电计有两种,一种是 Trek 347 型静电计,配 Trek 555-P 型探头,其量程为±3 kV;另一种是 Trek 341B 型静电计,配 3455ET 型探头,其量程为±20 kV。两种静电计如图 2.12 所示。静电计的输出信号为等比例缩小的模拟信号,通过 12 b 高分辨率 LeCory HDO4034 型示波器采集,并传输到上位机进行运算处理。

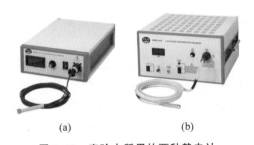

图 2.12　实验中所用的两种静电计

(a) TREK 347 型静电计；(b) TREK 341B 型静电计

2.3　二维平面的气-固界面电荷测量平台

在有些情况下,需要研究平板形绝缘子上的表面电荷(电位)分布情况。为此,搭建了一套针对二维平面的气-固界面电荷测量平台,如图 2.13 所示。该平台将两个线性模组垂直安放,带动试样台进行二维平移运动,静电探头被垂直固定在试样台的正上方,从而完成对被测试样表面的扫描。静电探头的安装高度可调节,以保证探头和试样表面的距离保持为 2 mm。在本书的实验中,该平台的有效扫描面积为 70 mm×70 mm 的方形,两轴的步进距离均为 0.5 mm,以"S"形运动轨迹往复运动 140 次完成对有效区域的扫描,整个过程用时 300 s。

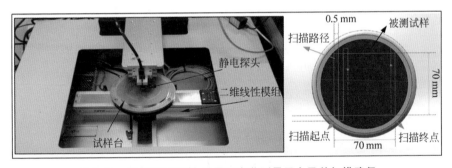

图 2.13　二维平面的气-固界面电荷测量平台及其扫描路径

2.4　粉尘图的制作

在目前的技术条件下,尚无法直接定量观测表面电荷密度的分布,只能通过测量表面电位或者电场强度等信息,经过反演计算得到电荷的分布信息。由于电荷分布是通过间接求得，所以有必要用其他方法对其准确性进行验证。

粉尘图法是一种可以直接观察电荷分布的方法，在第 1 章中已经提到，将带有正负电荷的固体粉尘撒在带电绝缘子表面，表面存在电荷的区域将吸附带异号电荷的粉尘，然后吹去未被吸附的粉尘，剩余的粉尘将反映正负电荷的分布情况。在以往的文献中，人们常常使用带正电的红色氧化铅颗粒和带负电的黄色硫磺颗粒，混合后研磨成粉使用。然而在实际使用中发现，如果研磨过细，两种粉末在静电力的作用下非常容易形成团聚；如果研磨不充分，微粒较大，粉尘不易被吸附在试样表面。另外，吹去未吸附粉尘的过程中，将破坏已有的粉尘分布形貌。

针对上述方法存在的缺陷，本研究选用了目前激光打印机中使用的碳粉[①]作为粉尘。由于粉尘的带电量、极性及稳定性直接决定了粉尘图的质量，而碳粉中存在着专门的电荷调节剂，保证了粉尘的带电量和单一极性。另外，用于打印的碳粉纯度高、杂质含量低、粒径分布均一（平均粒径只有 $5~\mu m$），非常适合粉尘图的制作。同时，为了改进粉尘图的制作流程，专门设计制作了一个粉尘室，如图 2.14 所示。

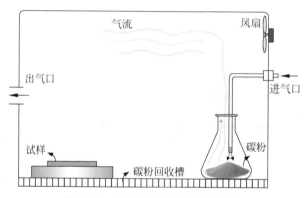

图 2.14   用于制作粉尘图的粉尘室

实验开始前将带电试样转移至粉尘室中，然后以极低的流速通过进气管向装有碳粉的容器内吹入干燥空气。则小口容器中的超细碳粉将在气流的作用下飘向粉尘室顶部，借助风扇的风力（很小）飘向试样上方，待碳粉在

---

①   打印机碳粉（又称"墨粉"）的主要成分并不是碳，而大多数是由树脂和炭黑、电荷调节剂、磁粉等组成。

粉尘室上方均匀弥漫后,关闭气路和风扇,顶部的碳粉在重力作用下自然沉降。本实验中使用的是绘威 CB543A 型红色碳粉,带负电[①],所以,沉降的碳粉将在静电力的作用下吸附于试样上带正电的区域,同时被带负电的区域所排斥,从而形成清晰的粉尘图样。图 2.15 给出的是采用不同极性的电晕对一圆形试样表面充电后,用粉尘图表征的表面电荷分布情况。

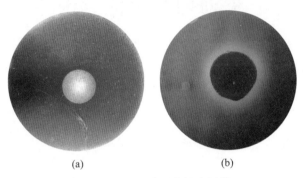

(a)　　　　　　　　　　　　(b)

图 2.15　两种典型的粉尘图样

(a) 中心带负电；(b) 中心带正电

本 章 小 结

由于本书中的实际需要,本章主要简述了以下四个方面的内容:

(1) 介绍并对比了无源静电探头和有源静电探头的测量原理,并着重研究了有源静电探头的引入对原始电场的影响,对其带来的测量误差进行了评估。

(2) 搭建了一套基于缩比 GIL 的气-固界面电荷测量平台,设计了针对该平台的四轴自动控制装置,实现了对圆锥形模型绝缘子表面电位的精确扫描。同时,详细介绍了环氧树脂绝缘子的浇注工艺以及缩比 GIL 的电极结构设计。

(3) 搭建了一套针对平板形绝缘子的气-固界面电荷测量平台,实现了对二维平面表面电位的精确扫描。

(4) 搭建了粉尘室,介绍了粉尘图的制作过程,用于对气-固界面电荷测量结果进行辅助验证。

---

① 碳粉所带电荷的极性与厂家所用的电荷调节剂极性相关。例如,适用于惠普打印机和佳能打印机的碳粉带负电,而适用于联想打印机和兄弟打印机的碳粉带正电。

第3章 基于数字图像处理技术的气-固界面电荷反演算法

静电探头测量到的电位是固体介质表面所有电荷共同作用的叠加,其关系由复杂的传递函数矩阵来决定。如何由测量到的绝缘子表面电位计算出表面电荷密度的分布,即表面电荷的反演计算,是研究气-固界面电荷的关键。本章将对"平移改变"和"平移不变"两种系统的气-固界面电荷反演算法进行研究。

3.1 电荷反演问题的提出

1967 年,Davies 首次提出静电探头法的测量原理[104],他认为静电探头的输出电位 φ 和对应位置处的表面电荷密度 σ 的关系可以简单地表示为

$$\varphi(i) = M\sigma(i) \tag{3-1}$$

式中,i 表示第 i 个测量点;M 为标度系数。

由第 2 章中关于静电探头的原理可知,被测表面上每一点的电荷密度和测量电位之间的线性关系是由它们之间的电容耦合关系建立起来的,且认为标度系数 M 在各测量点处都相等。显然,式(3-1)所建立的探头输出电位和测量点电荷密度之间的关系是一一对应的,并未考虑被测点之外其他网格处的表面电荷对探头输出的影响,实际得到的电荷密度分布和电位分布是完全一致的,只是进行了单位的换算而已,这样的简化是十分粗糙的。可以假设一种特殊情况:若被测网格 i 上恰好不存在电荷,而被测网格附近的一些网格上存在正电荷,那么这些电荷将在被测网格上感应出正电位;此时,若用线性计算方法得出电荷分布,则会认为网格 i 上存在正的电荷面密度,这与假设情况不符,因此其计算结果是不准确的。

实际上,在测量时探头的输出电位应表示为所有面电荷共同作用的叠加。如果将整个被测表面剖分为 N 个有限的单元,则在第 i 个测量点处的电位可以表示为

$$\varphi(i) = \sum_{j=1}^{N} h(i,j)\sigma(i) \tag{3-2}$$

式中，$h(i,j)$ 表示在第 i 个测量点处，点 j 处的单位电荷密度对探头输出电位的贡献。通常，可以把上式写成矩阵的形式：

$$\boldsymbol{\varphi}_{N\times1} = \boldsymbol{H}_{N\times N}\boldsymbol{\sigma}_{N\times1} = \begin{pmatrix} h_{11} & \cdots & h_{1N} \\ \vdots & \ddots & \vdots \\ h_{N1} & \cdots & h_{NN} \end{pmatrix} \begin{pmatrix} \sigma_1 \\ \vdots \\ \sigma_N \end{pmatrix} \tag{3-3}$$

矩阵 $\boldsymbol{H}$ 是从电荷密度到电位的传递函数矩阵。

这种电荷密度到测量电位之间的矩阵关系，由 Specht 在 1976 年首次提出[105]。在随后的 20 多年中，研究者们针对该问题进行了大量关于电荷反演算法的讨论。其中比较具有代表性的有 Sudhakar(1987) 提出的积分方程法[106]，Pedersen(1987) 提出的 λ 函数法[107-108]，Ootera(1988) 提出的三维模拟电荷法[21]和 Faircloth(2003) 提出的 Φ 函数法[109]。这些方法均存在一定的缺点[97]，并且都需要通过对大维数传递函数矩阵求逆来求解电荷密度的分布。当对测量结果的分辨率要求不高时，可以减小介质表面划分的网格数，降低传递函数矩阵维数，此时直接求逆的计算结果基本满足实验需求[72]。然而，为了得到表面电荷分布的细节，获得更高分辨率的电荷分布结果，被测点数 N 需要成倍增加（例如，文献[111]中 $N=65\,536$），此时对大维数矩阵直接求逆往往会带来病态问题，导致计算结果的误差无法接受。

为了更好地解决上述问题，本章将借鉴数字图像处理领域的相关理论，针对本书中将研究的"平移不变"系统和"平移改变"系统，开发出相应的电荷反演算法，并根据"图像退化/复原"模型和点扩散函数的概念，对测量-反算系统的空间分辨率和测量误差进行估计。

3.2　平移改变系统的电荷反演算法

3.2.1　平移改变系统及其传递函数矩阵元素

第 1 章中提到，盆式绝缘子大量应用于气体绝缘输电管道之中，其在直流电场中的电荷积聚现象引起了研究者的广泛关注[21,42-44,66-70]。一些研究者直接针对实际使用的盆式绝缘子进行测量[21,66-70]，还有一些研究者针对圆锥形模型绝缘子进行研究[42-44,72]，这些盆式或圆锥形绝缘子都被看作

"平移改变"系统,其系统的响应与激励施加于系统的位置有关。在本节中,我们以第 2 章中所介绍的圆锥绝缘子为研究对象,通过运动控制系统完成对绝缘子表面电位的扫描,获得电位向量 φ。

为了求解方程(3-3),还需获得 $\boldsymbol{H}$ 矩阵中的所有元素。从方程(3-3)可以看出,当所有表面微元中仅有一个微元 i 的电荷密度为单位电荷密度($\boldsymbol{\sigma}_i = 1$)而其余微元处的电荷密度都为 0 时,式(3-3)变为

$$\boldsymbol{\varphi}_{N \times 1} = \boldsymbol{H}_{N \times 1}^i \tag{3-4}$$

式中,上标 i 表示矩阵 $\boldsymbol{H}$ 的第 i 列。由式(3-4)可知,若设置某一微元处的表面电荷密度为单位电荷密度,即可通过静电场仿真计算获得此时所有微元处的表面电位 $\boldsymbol{\varphi}_{N \times 1}$,即获得了矩阵 $\boldsymbol{H}$ 的第 i 列。由于传递函数矩阵仅取决于测量系统的物理结构,不会随电荷分布的变化而变化。因此,对任意形状的被测表面,理论上可通过 N 次电场计算确定矩阵 $\boldsymbol{H}$ 中的所有元素。

然而,在空间分辨率要求较高时,被测物体表面有限元的数量 N 会变得很大,矩阵 $\boldsymbol{H}$ 的计算工作量会变得非常庞大,所以必须设法减少计算次数。对于旋转对称系统,可以证明其所对应的矩阵 $\boldsymbol{H}$ 是分块循环矩阵,这可以大大减少电场的数值计算次数。以本实验中的圆锥形绝缘子为例,设待测点总数 $N = r \times d$,其中 r 为半径方向的圈数,d 为圆周方向每圈的份数,则矩阵 $\boldsymbol{H}$ 具有如下形式:

$$\boldsymbol{H}_{N \times N} = \begin{bmatrix} \boldsymbol{H}_{11,d \times d} & \boldsymbol{H}_{12,d \times d} & \cdots & \boldsymbol{H}_{1r,d \times d} \\ \boldsymbol{H}_{21,d \times d} & \boldsymbol{H}_{22,d \times d} & \cdots & \boldsymbol{H}_{2r,d \times d} \\ \vdots & \vdots & \ddots & \vdots \\ \boldsymbol{H}_{r1,d \times d} & \boldsymbol{H}_{r2,d \times d} & \cdots & \boldsymbol{H}_{rr,d \times d} \end{bmatrix} \tag{3-5}$$

式中,$\boldsymbol{H}_{11}$,$\boldsymbol{H}_{12}$,$\cdots$,$\boldsymbol{H}_{rr}$ 是矩阵 $\boldsymbol{H}$ 的块,它们自身是 $d \times d$ 维的循环矩阵。所谓循环矩阵是指它的每一列都是通过将其前一列所有元素向下移动一行,并将前一列最下端的元素移动到该列最上端而得到的。

静电场数值计算通过 COMSOL 软件完成。在软件中建立与实际测量时电极结构布置尺寸相同的计算模型(图 3.1),圆锥形绝缘子表面被剖分成 $N = 15\,840$ 个微元,其中沿半径方向由内而外分成 44 圈($r = 44$),每圈宽度为 1 mm,每圈中再以 1° 为一段划分成 360 份($d = 360$),如图 3.1(b)所示。计算时,每次设置其中一个表面微元 i 的电荷密度为 1 C/m²,其他微元及剩余绝缘子表面无电荷,计算结果如图 3.1(c)所示。根据圆锥绝缘子具有的旋转对称性,仅需对半径方向的 44 个微元分别设置单位电荷,并进行静

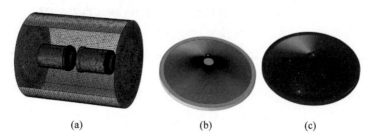

图 3.1　COMSOL 数值计算模型及仿真结果

（a）仿真模型；（b）网格划分；（c）仿真结果

电场数值计算，就可根据式(3-5)获得该系统的传递函数矩阵 $\boldsymbol{H}$。

3.2.2　传递函数矩阵的病态特性

显然，如果得到了传递函数矩阵 $\boldsymbol{H}$，则可以根据测量得到的表面电位反算出被测表面电荷密度的分布：

$$\boldsymbol{\sigma}_{N\times 1} = \boldsymbol{H}_{N\times N}^{-1}\boldsymbol{\varphi}_{N\times 1} \tag{3-6}$$

然而，大型矩阵往往存在病态，直接对大型矩阵求逆具有不稳定性。也就是说，即使在电位向量 $\boldsymbol{\varphi}$ 和传递函数矩阵 $\boldsymbol{H}$ 中存在很小的扰动，也可能使电荷计算结果产生较大的误差。假设矩阵 $\boldsymbol{H}$ 和电位向量 $\boldsymbol{\varphi}$ 有微小的扰动 $\delta\boldsymbol{H}$ 和 $\delta\boldsymbol{\varphi}$，引起计算出的电荷偏差为 $\delta\boldsymbol{\sigma}$，则式(3-6)可变为

$$\boldsymbol{\sigma} + \delta\boldsymbol{\sigma} = (\boldsymbol{H} + \delta\boldsymbol{H})^{-1}(\boldsymbol{\varphi} + \delta\boldsymbol{\varphi}) \tag{3-7}$$

由于微小扰动带来的计算误差可通过下式估算[111]：

$$\frac{\|\delta\boldsymbol{\sigma}\|}{\|\boldsymbol{\sigma}\|} \leqslant \kappa\left(\frac{\|\delta\boldsymbol{H}\|}{\|\boldsymbol{H}\|} + \frac{\|\delta\boldsymbol{\varphi}\|}{\|\boldsymbol{\varphi}\|}\right), \quad \kappa = \frac{\|\boldsymbol{H}\|\ \|\boldsymbol{H}^{-1}\|}{1 - \|\delta\boldsymbol{H}\|\ \|\boldsymbol{H}^{-1}\|} \tag{3-8}$$

式中，"$\|\ \|$"是矩阵和向量的范数。矩阵的范数取谱范数；向量的范数取欧式范数。

式(3-8)的估算基于以下三个假设条件：

假设 1：$m \geqslant n = \mathrm{Rank}(\boldsymbol{H})$；

假设 2：$\|\delta\boldsymbol{H}\|\ \|\boldsymbol{H}^{-1}\| < 1$；

假设 3：$\mathrm{Rank}(\boldsymbol{H} + \delta\boldsymbol{H}) = \mathrm{Rank}(\boldsymbol{H})$；

式中，m 和 n 分别为被测点的个数和未知点的个数。通常，传递函数矩阵的病态特性可以根据该矩阵的条件数来进行诊断：

$$\mathrm{Cond}(\boldsymbol{H}) = \|\boldsymbol{H}\|\ \|\boldsymbol{H}^{-1}\| \tag{3-9}$$

统计应用中的经验表明：当 $100 \leqslant \mathrm{Cond} \leqslant 1000$ 时，认为矩阵中存在中等程度

或较强的病态[111]。从式(3-8)也可看出，由于 $0<\parallel\delta H\parallel\parallel H^{-1}\parallel<1$，当矩阵 H 的条件数较大时，κ 值较大，即使扰动 δH 和 $\delta\varphi$ 很小，由于 κ 的放大作用，计算结果的偏差也会很大。甚至在大多数情况下，计算结果将会变得毫无意义。通过对本实验中矩阵 H 的条件数进行计算，得出其值为 648。可见，该实验中的传递函数矩阵属于病态矩阵。所以，在反演计算过程中，必须对该矩阵进行一定的修正，以确保反演过程中的误差得到抑制。

3.2.3 基于吉洪诺夫正则化的维纳滤波器

为减小测量过程中的扰动对计算结果带来的影响，本书借鉴数字图像复原技术中的维纳滤波器（Wiener filter），对电荷反演计算过程进行改善。维纳滤波器是一种基于最小均方误差（minimum mean square error，MMSE）、对平稳过程的最优滤波器。这种滤波器基于吉洪诺夫正则化（Tikhonov regularization）原理，以输出与期望输出间的均方误差最小为准则，是一个最佳滤波系统，可用于提取被平稳噪声所污染的图像信息[112]。根据该原理，对式(3-6)的求解以最小均方误差为估计准则可表示为

$$\min：\parallel H\boldsymbol{\sigma}-\boldsymbol{\varphi}\parallel^2+\parallel\boldsymbol{\Gamma\sigma}\parallel^2 \tag{3-10}$$

式中，$\boldsymbol{\Gamma}$ 称为"吉洪诺夫矩阵"。由该准则得出的表面电荷密度估计解$\hat{\boldsymbol{\sigma}}$ 为

$$\hat{\boldsymbol{\sigma}}=(H^{\mathrm{T}}H+\boldsymbol{\Gamma}^{\mathrm{T}}\boldsymbol{\Gamma})^{-1}H^{\mathrm{T}}\boldsymbol{\varphi} \tag{3-11}$$

通常，矩阵 $\boldsymbol{\Gamma}$ 选为 α 倍的单位阵，即 $\boldsymbol{\Gamma}=\alpha I$，$\alpha$ 称为"正则化参数"。这样，表面电荷密度的估计解$\hat{\boldsymbol{\sigma}}$ 又可表示为

$$\hat{\boldsymbol{\sigma}}=(H^{\mathrm{T}}H+\alpha I)^{-1}H^{\mathrm{T}}\boldsymbol{\varphi}=G\boldsymbol{\varphi} \tag{3-12}$$

与直接求逆相比，式(3-12)的求逆部分引入了 αI 项，使矩阵的病态性得到了抑制。

从式(3-12)中可以看出，计算结果只与正则化参数 α 的选择有关，选择不同的正则化参数，得到的估计结果可能不同。如果选择不合适，要么起不到正则化效果，得到的仍然是病态的解，噪声被放大而有效信息被淹没；要么抑制过度，得到的解过于平滑，失去原有的细节信息。因此，必须选择合适的正则化参数。

本书给出两种选择正则化参数的方法。最常用的是 Hansen 提出的 L 曲线法[113]，该方法的基本原理简述如下：在式(3-10)中，$H\hat{\boldsymbol{\sigma}}-\boldsymbol{\varphi}$ 和$\hat{\boldsymbol{\sigma}}$ 都是正则化参数 α 的函数，选择不同的 α 值，以 $\parallel H\hat{\boldsymbol{\sigma}}-\boldsymbol{\varphi}\parallel$ 为横坐标、$\parallel\hat{\boldsymbol{\sigma}}\parallel$ 为纵坐标画散点图，经拟合得到一条形似 L 的曲线。选择 L 曲线上曲率最大的一点所对应的 α 值作为所求的正则化参数。该方法的合理性在于强调数

据拟合部分 $\|\boldsymbol{H}\hat{\boldsymbol{\sigma}}-\boldsymbol{\varphi}\|$ 和估计解部分 $\|\hat{\boldsymbol{\sigma}}\|$ 之间的平衡。应用 L 曲线法求取式(3-12)中的正则化参数,得到的 L 曲线如图 3.2 所示,该曲线上曲率最大点对应的正则化参数 α 为 1.58×10^{17},代入矩阵 $\boldsymbol{H}^{\mathrm{T}}\boldsymbol{H}+\alpha\boldsymbol{I}$,可求得其条件数仅为 2.98。与原传递函数矩阵的条件数相比大大减小,因此其求逆过程的稳定性会大大改善。

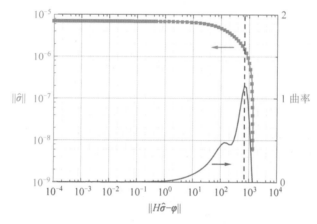

图 3.2　由 L 曲线法确定正则化参数得到的曲线

在数字图像处理领域,正则化参数 α 可以看作噪声和信号方差的比值,即 $\alpha=\sigma_n^2/\sigma_s^2$,可以通过预先实验测定噪声和信号的功率密度谱来确定正则化参数 α 的值。然而在本实验中,σ_n^2 和 σ_s^2 是很难通过实验得到的。所以,通常取矩阵 $\boldsymbol{H}^{\mathrm{T}}\boldsymbol{H}$ 最大特征值 $\lambda_{\max}$ 的 $0.03\%\sim1\%$ 作为 α 的值[95]。也可以以矩阵 $\boldsymbol{H}^{\mathrm{T}}\boldsymbol{H}+\alpha\boldsymbol{I}$ 的条件数最小作为判据,在上述范围内选取最优的正则化参数。这种方法实际上是借鉴了数字图像处理领域的"图像退化/复原"(image deterioration/restoration)模型(图 3.3),认为表面电荷的估计值 $\hat{\boldsymbol{\sigma}}$ 是真实值 $\boldsymbol{\sigma}$ 通过测量过程 $\boldsymbol{H}$ 和复原过程 $\boldsymbol{G}$ 产生的,即

$$\hat{\boldsymbol{\sigma}}=\boldsymbol{G}\boldsymbol{H}\boldsymbol{\sigma}=(\boldsymbol{H}^{\mathrm{T}}\boldsymbol{H}+\alpha\boldsymbol{I})^{-1}\boldsymbol{H}^{\mathrm{T}}\boldsymbol{H}\boldsymbol{\sigma} \tag{3-13}$$

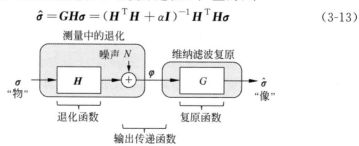

图 3.3　图像退化/图像复原模型

可以看出,矩阵 $\boldsymbol{H}^{\mathrm{T}}\boldsymbol{H}$ 的特征向量 $\boldsymbol{v}_1 \sim \boldsymbol{v}_{\mathrm{N}}$ 和矩阵 $\boldsymbol{GH}$ 的特征向量一致。所以,$\hat{\boldsymbol{\sigma}}$ 和 $\boldsymbol{\sigma}$ 可以被分解为

$$\begin{cases} \boldsymbol{\sigma} = \displaystyle\sum_{i=1}^{N} k_i \boldsymbol{v}_i \\ \hat{\boldsymbol{\sigma}} = \displaystyle\sum_{i=1}^{N} k_i' \boldsymbol{v}_i \end{cases} \tag{3-14}$$

式中,系数 k_i 和 k_i' 之间有如下关系:

$$k_i' = \frac{\lambda_i}{\lambda_i + \alpha} k_i, \quad i = 1, 2, \cdots, N \tag{3-15}$$

式中,λ_i 是对应于矩阵 $\boldsymbol{H}^{\mathrm{T}}\boldsymbol{H}$ 的特征向量 $\boldsymbol{v}_i$ 的特征值。当 λ_i 远大于 α 时,k_i' 和 k_i 之间的比值近似为 1;当 λ_i 远小于 α 时,k_i' 和 k_i 之间的比值近似为 0。也就是说,在电荷反演计算过程中,较小的特征值 λ_i 对应的分量 $k_i \boldsymbol{v}_i$ 将会被滤掉,而较大的特征值 λ_i 对应的分量 $k_i \boldsymbol{v}_i$ 将会被保留。在空间频域中,这些较小的特征值对应的是电荷在空间分布中的高频部分,所以这样设计的维纳滤波器是一个低通滤波器。

3.2.4　基于点扩散函数的空间分辨率分析

在气-固界面电荷的研究中,更高的空间分辨率将会为研究者提供更多的电荷分布细节信息。下面将采用点扩散函数(point spread function,PSF)来评价并分析上述算法中表面电荷空间分辨率的大小。所谓 PSF,是用来评估一个成像系统的最小空间分辨距离的函数。对光学系统来说,PSF 就是输入物为一个点光源时,系统输出图像的光场分布。显然,这个图像的光场分布越集中,成像效果越好。

类似地,可以将式(3-13)中电荷分布的估计值 $\hat{\boldsymbol{\sigma}}$ 和真实值 $\boldsymbol{\sigma}$ 看作成像系统中的"像"与"物","成像"关系由输出传递函数 $\boldsymbol{GH}$ 来决定,如图 3.3 所示。假设在圆锥绝缘子中心位置附近($r = 28$ mm)的一个微元处放置单位面电荷,电荷密度 1 $\mathrm{C/m}^2$,该电荷分布为真实的电荷分布 $\boldsymbol{\sigma}$,根据公式(3-13)求得反演算法估计出的电荷分布 $\hat{\boldsymbol{\sigma}}$,这个分布就可以看作该点处的 PSF。图 3.4 给出了不同 α 值下,$\hat{\boldsymbol{\sigma}}$ 沿半径方向的计算结果,其分布采用高斯分布(Gaussian distribution)拟合成曲线。可以看出,估计的电荷密度结果随着 α 的减小而增大。将图 3.4 中的高斯曲线进行傅里叶变换,得到电荷分布在空间频域下的分布特性,如图 3.5 所示,图中曲线的幅值进行了归

一化处理。PSF 的傅里叶变换结果反映了测量和反算系统的空间频率传递特性。

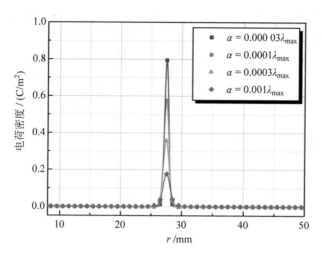

图 3.4 由单位面电荷分布经反演算法估计出的电荷分布

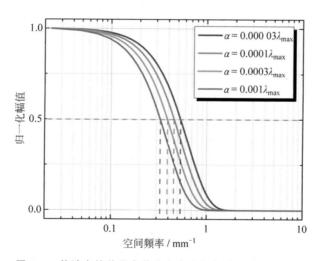

图 3.5 估计出的单位电荷分布在空间频域下的分布特性

本书采用数字图像处理中对空间分辨率的定义,定义当该系统的空间频率分布曲线幅值衰减到一半时所对应频率为截止频率,截止频率的倒数为该系统的空间分辨率[114]。在这个定义下,假设该系统的空间分辨率是 2 mm,当用它去测量一个空间周期为 2 mm 的正弦形电荷分布时,计算出的电荷分布幅值只有真实值的一半。而如果这种正弦形电荷分布的周期大于 2 mm,那么计算出的电荷分布就会和真实的电荷分布几乎一样。在图 3.5 中,画出了不同 α 取值下,空间频率分布曲线所对应的截止频率。可以看出,当 α 增大时,测量-反算系统的空间分辨率会变差。当 α 的值为 $0.003\% \, \lambda_{max}$ 到 $0.1\% \, \lambda_{max}$ 时,空间分辨率的大小为 $1.8\sim2.9$ mm。

3.2.5　仿真算例及计算精度分析

采用数值模拟方法来研究该反演算法的计算精度,并对计算结果的误差范围进行估计。在图 3.1(a)所示的仿真模型中,给圆锥形绝缘子斜面中心处人为设置宽度为 10 mm 的表面电荷带($23 \, mm \leqslant r \leqslant 33 \, mm$),电荷密度为 1 pC/mm^2,计算出表面电位分布 φ。电荷分布 σ 和电位分布 φ 分别如图 3.6(a)和(b)所示。为了模拟实际测量中存在的噪声信号,在这个表面电位分布上叠加一个高斯噪声,高斯噪声的期望为 0,标准差分别取 φ 向量中最大值的 0.1%和 0.5%。用式(3-11)来计算表面电荷密度,其中正则化参数 α 取 $0.03\% \, \lambda_{max}$。图 3.6(c)为无叠加噪声下计算出的表面电荷分布,图 3.6(d)和(e)分别为上述两种噪声下计算的表面电荷分布。

可以看出,采用反演算法求得的电荷分布和原始设置的电荷分布基本一致;而在电荷密度突变处,估计出的电荷边缘会变得有些模糊。这是由于本书设计的维纳滤波器具有低通特性,高频分量在电荷反算过程中会衰减。当然,在实际实验中,真实的电荷分布往往是渐变的,很少出现像图 3.6(a)中那样的突变。如果设置电荷密度分布是渐变的,如图 3.7(a)所示,那么反算求得的电荷分布与人为设置的电荷分布更加契合,如图 3.7(c)所示(图中标尺和图 3.6 一致)。

对于测量和反算系统的精度,可用信噪比(signal-to-noise ratio,SNR)来表示[123]:

$$\text{SNR} = -10\lg \frac{\sum_{i=1}^{N} \{\hat{\boldsymbol{\sigma}}_i - \boldsymbol{\sigma}_i\}^2}{NA^2} \tag{3-16}$$

式中,$\hat{\boldsymbol{\sigma}}$ 和 $\boldsymbol{\sigma}$ 分别表示表面电荷的估计值和真实值,A 代表向量 $\boldsymbol{\sigma}$ 中的最大值。式(3-16)是峰值均方误差(peak mean square error,PMSE)的分贝形式。对于图 3.6(d)、(e)、图 3.7(c)所计算出的表面电荷分布,其信噪比和峰值均方误差的计算结果如表 3.1 所示,其中峰值均方误差用其平方根表示:

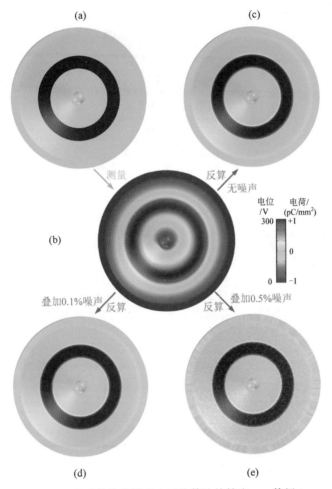

图 3.6　通过数值模拟研究反演算法的精度——算例 1

（a）人为设置的电荷分布；（b）仿真计算出的电位分布；（c）估计出的电荷分布（无噪声）；

（d）估计出的电荷分布（0.1％噪声）；（e）估计出的电荷分布（0.5％噪声）

$$\sqrt{\mathrm{PMSE}} = \sqrt{\sum_{i=1}^{N} \{\hat{\pmb{\sigma}}_i - \pmb{\sigma}_i\}^2 / (NA^2)} \tag{3-17}$$

　　从表 3.1 中可以看出，图 3.6（d）中测量-反算结果的信噪比达到了 38 dB。随着探头噪声的增大，计算出的表面电荷估计值中的噪声相应增大，信噪比降低。当表面电荷分布中不存在突变时，其估计值的信噪比增大，算法的计算效果更好。

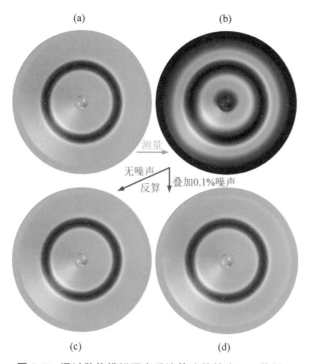

图 3.7　通过数值模拟研究反演算法的精度——算例 2

（a）人为设置的电荷分布；（b）仿真计算出的电位分布；（c）估计出的电荷分布（无噪声）；
（d）估计出的电荷分布（0.1％噪声）

表 3.1　算例中电荷估计值的信噪比和峰值均方误差

No.	算　　例	噪声/％	SNR/dB	峰值均方误差平方根/％
1	图 3.6(d)	0.1	38.1	1.25
2	图 3.6(e)	0.5	24.1	6.24
3	图 3.7(d)	0.1	39.9	1.01

接下来，对应用该算法得出的电荷计算结果进行误差估计。如前文所述，假设 δH 和 $\delta\varphi$ 分别为矩阵 H 和向量 φ 的扰动，由基于吉洪诺夫正则化原理估计出的电荷为 $\hat{\sigma}$，其与真值的偏差为 $\delta\sigma$，则该反算结果的误差估计可由式（3-18）给出[115]：

$$\frac{\|\delta\sigma\|}{\|\hat{\sigma}\|} \leqslant \frac{F_0}{1 - F_1 \dfrac{\|\delta H\|}{\|H\|} - F_3 \dfrac{\|\delta H\|}{\|H\|} - F_3 \dfrac{\|\delta H\|^2}{\|H\|^2}} \tag{3-18}$$

其中

$$F_0 = F_1 \frac{\|\delta H\|}{\|H\|} + F_2 \frac{\|\delta H\|}{\|H\|} + F_3 \frac{\|\delta H\|^2}{\|H\|^2} +$$

$$F_4 \frac{\|\delta \varphi\|}{\|\varphi\|} + F_5 \frac{\|\delta H\|}{\|H\|} \frac{\|\delta \varphi\|}{\|\varphi\|} \tag{3-19}$$

$$F_1 = \|(H^T H + \alpha I)^{-1} H^T\| \|H\| \tag{3-20}$$

$$F_2 = \|(H^T H)^{-1}\| \|H\| \frac{\|(\varphi + \delta \varphi) - H\hat{\sigma}\|}{\|\hat{\sigma}\|} \tag{3-21}$$

$$F_3 = \|(H^T H)^{-1}\| \|H\|^2 \tag{3-22}$$

$$F_4 = \|(H^T H + \alpha I)^{-1} H^T\| \frac{\|\varphi + \delta \varphi\|}{\|\hat{\sigma}\|} \tag{3-23}$$

$$F_5 = \|(H^T H)^{-1}\| \|H\| \frac{\|\varphi + \delta \varphi\|}{\|\hat{\sigma}\|} \tag{3-24}$$

当采用静电探头对被测试品表面进行扫描时,探头与被测试品表面的距离对测量结果有一定的影响。课题组之前的研究对探头的输出特性进行了测试,采用静电探头对固定电位的金属平板进行测量,结果发现,当探头与被测表面的距离在 3 mm 以内时,探头输出电位 φ 的误差可以控制在 2% 以内[69]。对于 δH,由于传递函数矩阵 H 的真值是无法知道的,该扰动的大小由仿真软件的计算误差、仿真模型的几何误差、材料参数误差等引起,与软件内部计算方法、网格划分的精细程度等有关,无法直接确定。对于网格剖分细密、材料参数选择准确的计算模型,该误差应该很小。之前的研究对传递函数矩阵的误差进行了简单的估计,δH 的范数与 H 的范数之比约为 1.3%[69]。将 H 和 φ 的误差范围代入式(3-18),对不同算例进行计算,可求得结果的误差在 7%~11%。

3.3　平移不变系统的电荷反演算法

3.3.1　平移不变系统算法设计的基本原理

如果被测物体是无限大平板或者无限长圆柱(或圆筒)结构,则被测系统可以看作"平移不变"系统(图 3.8),其系统的响应与激励施加于系统的位置无关。根据平移不变系统的性质[116],式(3-2)可以改写成卷积的形式:

$$\boldsymbol{\varphi}(x,y) = \iint \boldsymbol{h}(x-x', y-y') \cdot \boldsymbol{\sigma}(x',y') \mathrm{d}x' \mathrm{d}y'$$

$$= \boldsymbol{h}(x,y) * \boldsymbol{\sigma}(x',y') \tag{3-25}$$

式中,$\boldsymbol{\sigma}(x',y')$表示位于位置$(x',y')$的表面电荷密度;$\boldsymbol{h}$是卷积核,$\boldsymbol{h}(x-x', y-y')$表示位于$(x',y')$处的单位电荷在位置$(x,y)$处产生的电位(图 3.8(a))。

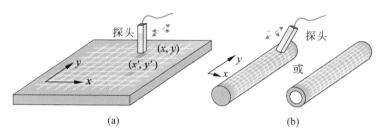

图 3.8 两种典型的平移不变系统

(a) 无限大平板;(b) 无限长圆柱或圆筒

根据卷积定理,空间域的卷积运算在频域中就会转换为乘积形式[116]。那么,对上式进行二维傅里叶变换(two-dimension Fourier transform,2D-FT),转换到频域中就可以得到:

$$\boldsymbol{\Phi}(\mu,\nu) = \boldsymbol{H}(\mu,\nu) \cdot \boldsymbol{\sigma}(\mu,\nu) \tag{3-26}$$

式中,$\boldsymbol{\Phi}(\mu,\nu)$,$\boldsymbol{H}(\mu,\nu)$和$\boldsymbol{\sigma}(\mu,\nu)$分别是$\boldsymbol{\varphi}(x,y)$,$\boldsymbol{h}(x,y)$和$\boldsymbol{\sigma}(x,y)$在频域中的表达式。这样,频域中的电荷密度可以由除法运算简单得到:

$$\boldsymbol{\sigma}(\mu,\nu) = \frac{\boldsymbol{\Phi}(\mu,\nu)}{\boldsymbol{H}(\mu,\nu)} \tag{3-27}$$

然后再对$\boldsymbol{\sigma}(\mu,\nu)$进行傅里叶逆变换(inverse Fourier transform,IFT),就可以求出空间域中的电荷密度$\boldsymbol{\sigma}(x,y)$。

然而,正如 3.2 节所述,由于系统不可避免地存在各种噪声,为了确保计算结果的准确性、提高系统的信噪比,需要对反算过程进行滤波处理[117]。依然应用数字图像处理中常用的维纳滤波方法,在频域中对表面电荷密度的计算进行滤波,通过维纳滤波器后所估计的电荷密度$\hat{\sigma}$可以表示为

$$\hat{\boldsymbol{\sigma}}(\mu,\nu) = \frac{\boldsymbol{H}^*(\mu,\nu)}{|\boldsymbol{H}(\mu,\nu)|^2 + c^2} \boldsymbol{\Phi}(\mu,\nu) \tag{3-28}$$

式中,$\boldsymbol{H}^*$是$\boldsymbol{H}$的共轭矩阵,c^2是滤波系数,其值等于噪声功率谱和信号功率谱之比[112]。

基于上述基本原理,算法整体的流程如图 3.9 所示。接下来将对其中的重要环节进行详细阐述。

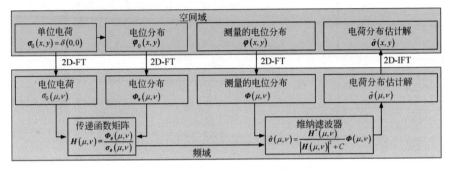

图 3.9　根据平移不变系统算法设计的流程

3.3.2　二维傅里叶变换和维纳滤波器

本节将详细阐述测量系统的传递函数矩阵和维纳滤波器的构建。此处的测量对象为一个 3 mm 厚的环氧树脂绝缘平板,相对介电常数 $\varepsilon_r = 5.1$,静电探头通过二维平移台对测量区域进行扫描,测量区域为 70 mm×70 mm 的方形,被划分成 140×140 个网格,每一个采样点相距 0.5 mm。需要指出的是,虽然本节中的研究对象为平板绝缘子,算法的实现对于圆柱或圆筒绝缘子也同样适用。

如前文所述,平移不变系统的响应与激励施加于系统的位置无关,利用该性质可以构建出系统的传递函数矩阵。假设在被测区域的中心,设置一单位表面电荷 $\sigma_0(x,y)$,电荷密度为 1 C/m^2,面积为 1 mm^2。对测量系统和测量对象进行建模,通过静电场数值计算,可以计算相应的表面电位分布 $\varphi_0(x,y)$。图 3.10 给出了该电荷和电位的一维分布结果,单位电荷造成的电位分布随着距离的增大而迅速衰减。

单位表面电荷 $\sigma_0(x,y)$ 和相应的表面电位 $\varphi_0(x,y)$ 在频域中的分布可以通过对其进行离散二维傅里叶变换获得:

$$\sigma_0(\mu,\nu) = \iint \sigma_0(x,y) \cdot \mathrm{e}^{-\mathrm{j}2\pi(\mu x + \nu y)} \, \mathrm{d}x \, \mathrm{d}y \tag{3-29}$$

$$\Phi_0(\mu,\nu) = \iint \varphi_0(x,y) \cdot \mathrm{e}^{-\mathrm{j}2\pi(\mu x + \nu y)} \, \mathrm{d}x \, \mathrm{d}y \tag{3-30}$$

计算结果如图 3.11 所示,图 3.11(a)为单位电荷在频域中的二维谱图,图 3.11(b)为表面电位分布在频域中的二维谱图。

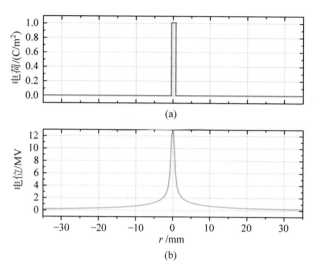

图 3.10　单位表面电荷和表面电位在空间域的一维分布

(a) $\sigma_0(x,y)$；(b) $\varphi_0(x,y)$

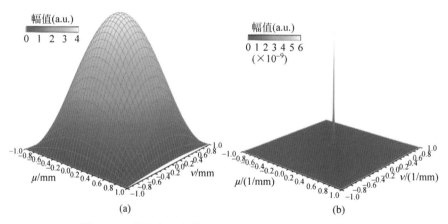

图 3.11　单位表面电荷和表面电位在频域中的二维谱图

(a) $\sigma_0(\mu,\nu)$；(b) $\Phi_0(\mu,\nu)$

由于单位电荷在空间域中包含阶跃成分,所以频谱中含有高频分量;而表面电位呈指数衰减形式,几乎不含高频分量,其频谱能量主要集中在低频区域。需要注意的是,由于本研究中的空间域采样步长为 $\Delta r = 0.5$ mm,图 3.11 中频率的最大值为 1 cycle/mm 等于测量系统的采样频率 $f_s = 1/(2\Delta r)$。

根据图 3.9 中的算法流程图,该平移不变系统的传递函数矩阵在频域中可由 $\boldsymbol{\Phi}_0$ 和 $\boldsymbol{\sigma}_0$ 相除直接得到:

$$H(\mu,\nu) = \frac{\boldsymbol{\Phi}_0(\mu,\nu)}{\boldsymbol{\sigma}_0(\mu,\nu)} \tag{3-31}$$

接着,维纳滤波器可以构建为

$$W(\mu,\nu) = \frac{H^*(\mu,\nu)}{|H(\mu,\nu)|^2 + c^2} \tag{3-32}$$

图 3.12 给出了传递函数矩阵 H,传递函数矩阵的倒数(也称为"逆滤波器")$1/H$,以及维纳滤波器 W 在频域中的二维谱图。可以看出,传递函数矩阵 H 的幅值在低频区域非常集中,在高频区域的值很小(图 3.12(a));相反,其倒数 $1/H$ 在高频区域存在非常大的幅值(图 3.12(b))。由于测量系统的噪声主要集中在高频区域,采用逆滤波器直接求解电荷分布会对高

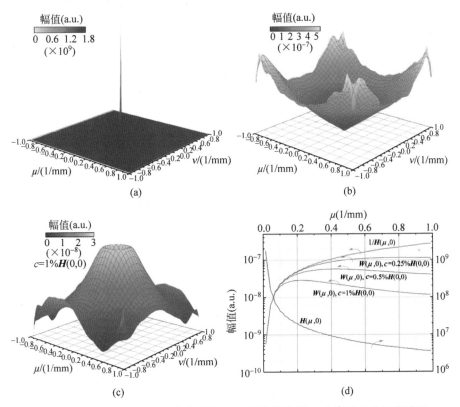

图 3.12　传递函数矩阵 H,逆滤波器 $1/H$,维纳滤波器 W 在频域中的二维谱图
(a) $H(\mu,\nu)$; (b) $1/H(\mu,\nu)$; (c) $W(\mu,\nu)$; (d) $H(\mu,0)$,$1/H(\mu,0)$,$W(\mu,0)$

频噪声进行放大。在图 3.12(d)中可以看出,在频率 $\mu=1/\mathrm{mm}$ 处,$1/\boldsymbol{H}$ 的幅值大约为 3×10^{-7}(a.u.),而在低频区域,其幅值的数量级在 $10^{-8}\sim10^{-9}$。也就是说,如果直接采用式(3-27)计算表面电荷密度分布,处在高频区的噪声信号相对于有效信号会被放大 100 多倍,有效信号可能被噪声信号所湮没。所以,需要通过维纳滤波器对高频噪声信号进行滤波处理。如图 3.12(c)所示,通过使用维纳滤波器,有效地限制了高频区的幅值,从而抑制了噪声的影响。维纳滤波器的带宽可以通过改变滤波参数 c 的值来控制,如图 3.12(d)所示。

3.3.3　系统的空间分辨率分析

如 3.2.4 节讨论的,电荷密度实际值 σ 和电荷密度估计值 $\hat{\sigma}$ 之间的"成像"关系由输出传递函数 $\boldsymbol{GH}$ 来决定,如图 3.3 所示,在本节中 $\boldsymbol{G}=\boldsymbol{W}$。从式(3-32)中可以看出,当频率 μ_c 满足 $|\boldsymbol{H}(\mu_c,0)|=c$ 时,输出传递函数 $\boldsymbol{GH}$ 的幅值等于 0.5,此时获得的信号幅值是原始信号的一半。这正是数字图像处理中关于空间分辨率的定义,μ_c 为截止频率,其倒数即为系统的空间分辨率。图 3.13 给出了滤波参数 c 取不同值时输出传递函数 $\boldsymbol{GH}$ 的幅频特性及相应的截止频率。当 c 分别取 1%,0.5% 和 0.25% 的 $\boldsymbol{H}(0,0)$ 时,系统的空间分辨率分别为 4.3 mm,2.3 mm 和 1.2 mm。

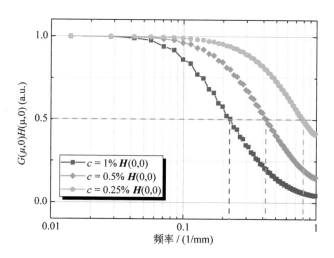

图 3.13　输出传递函数 $\boldsymbol{GH}$ 的幅频特性及相应的截止频率

3.3.4　仿真算例和计算精度分析

同样地,采用数值模拟的方法来研究该反演算法的计算精度。假设在测量对象上设置形如"THU"标志的表面电荷图案,如图 3.14(a)所示,各字母的电荷密度分别设定为 0.5 pC/mm^2,1 pC/mm^2 和 0.5 pC/mm^2。通过静电场计算,得到相应的表面电位分布如图 3.15(b)所示。接着,在电位分布中人为添加具有 0.25% 和 0.5% 噪声水平的高斯噪声。以此作为测量电位 $\varphi(x,y)$,然后根据反演算法得到估计的表面电荷密度,如图 3.14(c)和(d)所示,其中 c 等于 $0.5\%|\boldsymbol{H}(0,0)|$。可以看到估计的表面电荷分布与原来假设的电荷分布非常吻合。根据式(3-16),计算结果的 SNR 分别为 28 dB 和 22 dB。

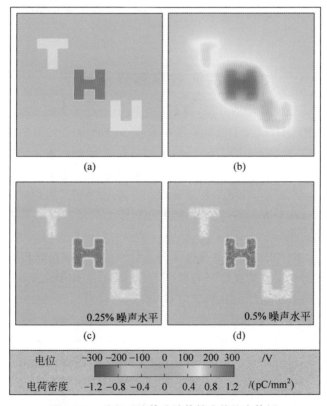

图 3.14　分析反演算法计算精度的仿真算例

(a) 假设的表面电荷密度分布；(b) 与(a)对应的表面电位分布；(c) 计算出的表面电荷密度分布；(d) 计算出的表面电荷密度分布

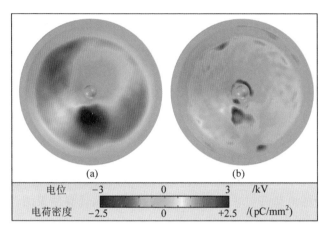

图 3.15　实测直流电压作用下圆锥绝缘子的表面电位分布和计算得到的电荷密度分布
（a）测量得到的表面电位分面；（b）计算得到的表面电荷密度分布

3.4　实测效果和算法验证

　　为了测试反演算法的效果，我们对绝缘子进行了实测实验。在第 2 章中描述的缩比 GIL 模型上施加直流电压－20 kV，施加 6 h 后测量圆锥绝缘子表面电位，得到如图 3.15（a）所示的电位分布图。采用平移改变系统的表面电荷反演算法，可以计算出相应的表面电荷密度分布，如图 3.15（b）所示。显然，电位分布比电荷密度分布在空间上"模糊"得多，电荷密度分布可以反映出电荷分布的更多细节，因此也更能准确地表征实际的电荷行为，有利于对电荷积聚和消散特性的研究。

　　然而，反演计算得到的电荷密度分布是一种经过间接处理的测量结果，其可信度值得验证。为此，我们设计了一组实验，采用粉尘图法对静电探头法测得的结果进行验证。在验证实验中，首先利用如图 3.16 所示的针-板电极对环氧树脂样品进行直流电晕充电，充电过程持续 1 min。充电完成后，利用如图 2.13 所示二维固气界面测量平台对样品的表面电位进行采集，并将采集得到的电位分布反算为电荷分布。最后将样品转移至图 2.14 所示的粉尘室中，进行粉尘图实验。

　　图 3.17 展示了对表面电荷反演算法进行实验验证的结果。其中，采用静电探头测量得到的表面电位分布在左列，采用反演算法计算得到的表面电荷密度分布在中列，采用粉尘图法的结果在右列。分别在直流电压

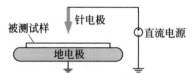

图 3.16　针-板电极电晕充电电路

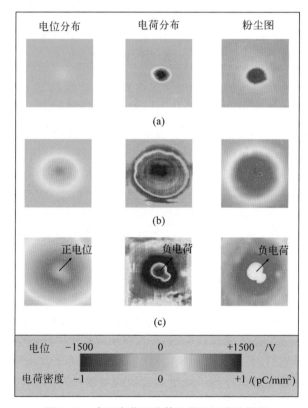

图 3.17　表面电荷反演算法的验证实验结果

(a) +5 kV；(b) +10 kV；(c) +15 kV

$U=5$ kV，10 kV，15 kV 下进行了三组实验。从图中可以看出，无论充电电压幅值多大，充电后的样品表面电位值均为正。然而，和电位分布明显不同的是，在计算得到的表面电荷密度分布中，可以观察到正电荷和负电荷同时存在：当充电电压较低时(5 kV 和 10 kV)，正电荷位于试样中央，负电荷分布在正电荷周围；当充电电压较高时(15 kV)，负电荷集中在试样中央，电荷密度极大，而正电荷分布在其周围。在粉尘图中，由于实验采用的红色碳粉带负电,碳粉可以被积聚正电荷的区域所吸引,并被积聚负电荷区域所排斥。因此,红色区域代表正电荷集中的区域,空白区域代表负电荷集中的区域。在图 3.17 右列所示的粉尘图结果中,粉尘图所显示的电荷分布与采用反演算法计算得到的表面电荷分布结果完全一致,从而验证了反演算法的有效性。而且,与粉尘图法相比,电荷反演计算给出了定量结果,能够反映出电荷分布的更多细节,对于研究电荷积聚和消散的机理更具优势。

3.5　本 章 小 结

本章首先根据以往的研究,综述了电荷反演问题的基本解决方法;借鉴数字图像处理技术,重点研究了针对"平移改变"和"平移不变"两种系统的气-固界面电荷反演算法。得到的主要结果和结论小结如下:

（1）在平移改变系统中,根据传递函数矩阵 H 的分块循环特征,通过对被测圆锥绝缘子进行建模,并进行 44 次静电场数值计算,获取矩阵 H 中的所有元素。通过引入基于吉洪诺夫正则化的维纳滤波器,有效解决了传递函数矩阵的病态问题。文中介绍了 L 曲线法和特征值法确定正则化参数 α 的原理和过程,根据输出传递函数 GH 的特征值和特征相量,分析了维纳滤波器的低通特性。

（2）在平移不变系统中,根据其电荷和电位之间的卷积关系,将空间域中的卷积运算通过二维傅里叶变换转换成频域中的乘法运算,电荷的计算可以通过频域中的除法完成,避免了矩阵的求逆,大大降低了传统反演算法的复杂度。根据平移不变系统中"响应与激励施加于系统的位置无关"的特性,只需一次数值计算即可在频域中构建系统的传递函数矩阵 H 并建立相应的维纳滤波器。本章分析了维纳滤波器的频谱特性,其低通特性对高频噪声起到了有效的抑制作用。

（3）本章借鉴数字图像处理中的"图像退化/复原"模型,基于点扩散函数的概念,对两种系统的空间分辨率进行了计算。同时,借助数值仿真算例,以信噪比为指标,对两种系统的算法精度进行了评价。结果表明,本章介绍的电荷反演算法具有较高的空间分辨率和计算精度,达到国际领先水平。

（4）本章最后采用粉尘图法对电荷分布的计算结果进行了验证,粉尘图法的结果与采用反演算法计算得到的表面电荷分布结果完全一致,验证了算法的正确性,为后续章节中研究气-固界面电荷特性提供了有效的手段。

第4章 直流电场中气-固界面电荷积聚特性及其动力学模型

本章基于缩比 GIL 气-固界面电荷测量平台,采用有源静电探头对圆锥绝缘子的表面电位进行测量,并采用反演算法计算出表面电荷分布。研究了直流电压下空气和 SF_6 中绝缘子表面电荷的积聚特性,提出了气-固界面电荷积聚的两种模式并分析了其形成机理。根据直流电场中气-固界面电荷的潜在来源,建立了相应的电荷积聚动力学模型。最后,通过实验对提出的气-固界面电荷积聚理论进行了验证。

4.1 气-固界面电荷积聚实验现象

实验前,用酒精对绝缘子表面进行擦拭,并在干燥箱中(70℃)干燥至少 24 h,采用离子风机除去其表面静电,并通过测量确保绝缘子表面基本没有初始电荷,以研究绝缘子表面电荷随电压幅值、电压极性、加压时间等因素的变化规律。

4.1.1 空气中的气-固界面电荷积聚现象

在 0.1 MPa 空气中进行气-固界面电荷积聚实验,得到不同电压下圆锥绝缘子斜面上的表面电荷分布随时间的变化情况。如图 4.1 所示为正极性电压下的实验结果。测得绝缘子表面电荷的数量级为 10^{-6} C/m^2,其中,图 4.1(a)和(b)中彩色标尺的范围为 $\pm 15 \times 10^{-6}$ C/m^2,图 4.1(c)中彩色标尺的范围为 $\pm 20 \times 10^{-6}$ C/m^2。

从图中可以看出,每组实验中绝缘子表面电荷的几何分布在电荷积聚初期就已形成,并且该分布几乎不会随着时间的增加而改变,但电荷密度的幅值随着加压时间的增加而逐渐增大。当加压时间超过 1000 min 后,电荷积聚的过程变得十分缓慢,若继续加压若干小时,电荷密度的幅值增大不多。因此,推断加压 1000 min 后电荷积聚过程趋于稳态,所以每组实验的最长加压时间也选择为 1000 min。

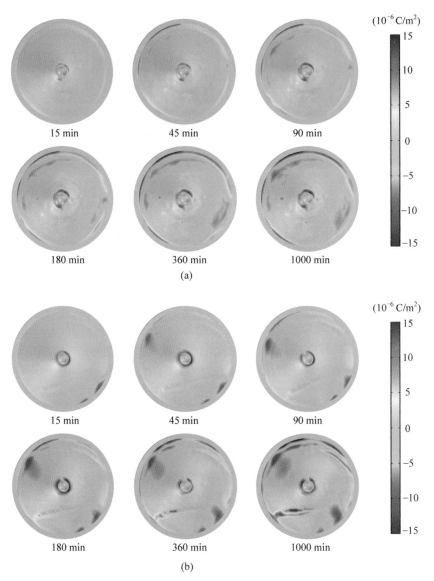

图 4.1　空气中正极性直流电压下圆锥绝缘子表面电荷密度分布随时间变化情况

(a) +10 kV；(b) +20 kV；(c) +30 kV

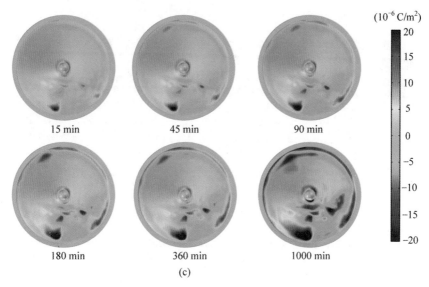

(10^{-6} C/m^2)

图 4.1　（续）

在三组实验的结果中,无论从直接测量的电位分布还是反算得到的电荷分布都可以看出,绝缘子表面整体上积聚正电荷,与所加电压极性相同,尤其是在中心电极和法兰附近,正电荷密度较大。在靠近法兰的外围,分布着一些片状和条纹状的负电荷,与所加电压极性相反。

图 4.2 为负极性电压下圆锥绝缘子在不同加压时间下的表面电荷分布情况。与图 4.1 中的实验结果刚好相反,虽然绝缘子表面能够看到明显的条纹状和片状分布的正电荷,但实际上,绝缘子表面整体遍布负电荷（"背景"呈蓝色）,尤其在中心电极附近,负电荷密度最大。

结合图 4.1 和图 4.2 中的实验结果能够发现,表面电荷的分布明显呈现两种模式:一种是基本呈圆周对称分布的电荷,这些电荷均匀地覆盖在绝缘子表面,与所加电压极性相同;另一种是位置随机出现的,条纹状或点状电荷,这些电荷大多与所加电压极性相反。我们把前者称为电荷分布的"基本模式"（dominant uniform charging）,把后者称为"电荷斑"（charge speckles）。它们的具体特征及形成机理将在 4.2 节进行分析讨论。

还注意到,电荷密度似乎随着加压时间的增加而显著增大。但实际上,如果对不同点的电荷密度进行定量分析的话,这种显著增大的趋势只发生在"电荷斑"上,而"基本模式"的电荷密度增长比较平缓,也就是说,两种电荷积聚模式的时间常数有所差异,它们的形成机理可能不同。另外,当所加

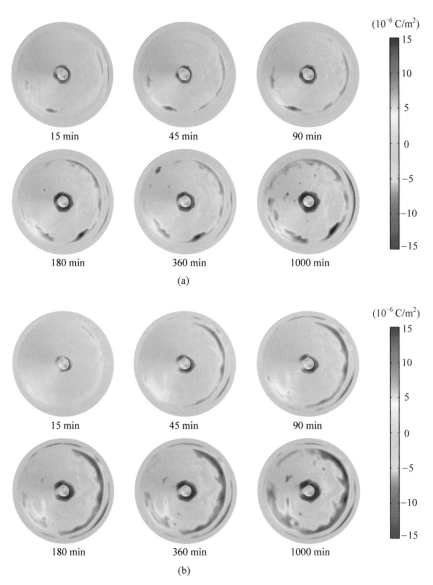

图 4. 2   空气中负极性直流电压下圆锥绝缘子表面电荷密度分布随时间变化情况
(a) −10 kV;（b) −20 kV;（c) −30 kV

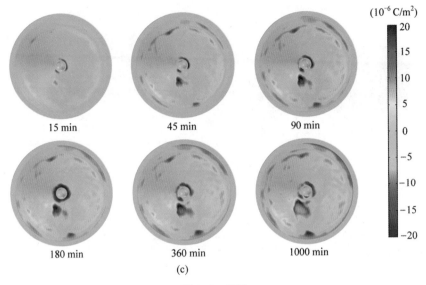

15 min　　　　　45 min　　　　　90 min

180 min　　　　360 min　　　　1000 min

(c)

图 4.2　（续）

电压幅值超过 30 kV 时，"电荷斑"上的电荷密度会急剧增大（正负电压下都存在），有时甚至会超过静电探头的量程，说明"电荷斑"的形成与电场强度密切相关。

4.1.2　SF_6 中的气-固界面电荷积聚现象

在工程应用中，绝缘子主要应用于充有 SF_6 气体的环境之中，因此，本节将研究 0.1 MPa SF_6 中的绝缘子表面电荷积聚特性。

图 4.3 为正极性电压下圆锥绝缘子斜面上表面电荷随时间的变化情况。和空气中的实验结果类似，测得绝缘子表面电荷密度的数量级也为 10^{-6} C/m^2，绝缘子整体带正电荷，极性与所加电压极性相同，中心电极周围的电荷密度最大。与空气下实验现象所不同的是，在 +10 kV 的低电压下，绝缘子表面的条纹状和点状分布的异号电荷明显减少，基本上是均匀分布的正电荷（"基本模式"）。然而在 +20 kV 和 +30 kV 电压下，绝缘子表面开始出现随机分布的"电荷斑"，"电荷斑"的严重程度并没有明显好于空气中。也就是说，在低电压下，SF_6 气体相比空气，更益于抑制"电荷斑"的形成，而在高电压下的抑制效果有限。这说明"电荷斑"的形成可能与气体侧的微放电有关，而且有一定的阈值效应。

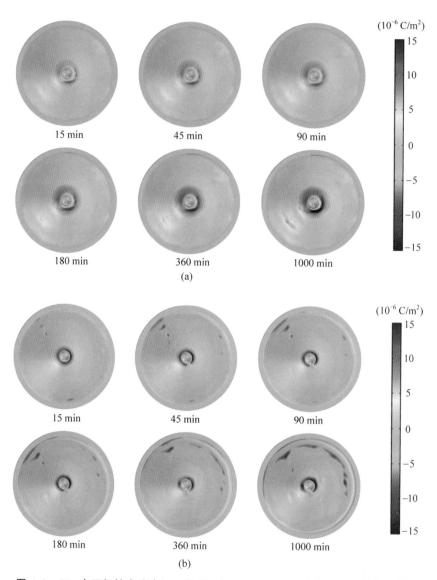

图 4.3 SF$_6$ 中正极性直流电压下圆锥绝缘子表面电荷密度分布随时间变化情况
（a）+10 kV；（b）+20 kV；（c）+30 kV

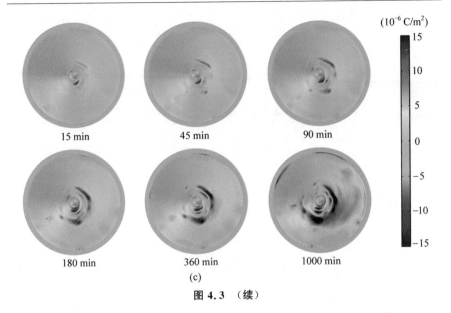

$(10^{-6}\ \mathrm{C/m^2})$

(c)

图 4.3　（续）

图 4.4 为负极性电压下圆锥绝缘子在不同加压时间下的表面电荷分布情况。同样地，绝缘子表面整体上带负电，与所加电压的极性相同，中心电极附近电荷密度最大。在低电压下，绝缘子表面上几乎没有"电荷斑"的存在；随着电压的升高，"电荷斑"逐渐增多，尤其在 $-30\ \mathrm{kV}$ 电压下，出现大量的条纹状电荷，和空气中的测量结果类似。

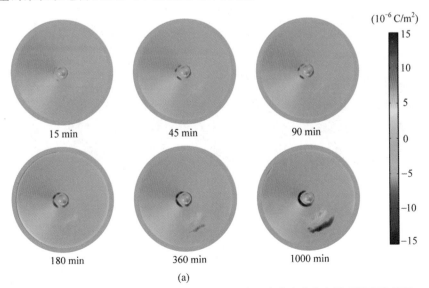

$(10^{-6}\ \mathrm{C/m^2})$

(a)

图 4.4　SF_6 中负极性直流电压下圆锥绝缘子表面电荷密度分布随时间变化情况
(a) $-10\ \mathrm{kV}$；(b) $-20\ \mathrm{kV}$；(c) $-30\ \mathrm{kV}$

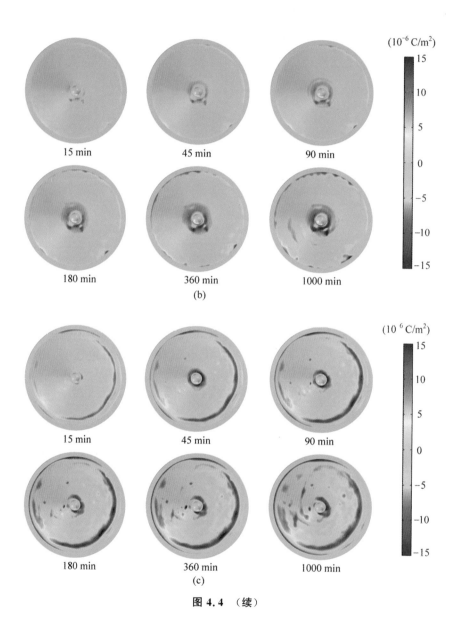

图 4.4 （续）

4.2　气-固界面电荷积聚的两种模式

4.1 节分析了空气和 SF_6 中绝缘子表面积聚的电荷分布情况以及随加压幅值和加压时间的变化情况,本节将详细讨论其具体特征及形成机理。

从文献[36,70]中的实验结果来看,直流电压下绝缘子表面积聚的电荷往往是非均匀分布的,而且实验重复性较差。从大量实验结果来看,也的确如此,这给研究气-固界面电荷积聚规律带来了很大的困难。然而,基于大量实验结果发现,测得的气-固界面电荷分布明显呈现两种模式:一种是圆周对称分布的电荷,这些电荷均匀地覆盖在绝缘子表面,与所加电压极性相同;另一种是位置随机出现的条纹状或点状分布电荷,大多与所加电压极性相反。实际上,这两种模式在实验中采集的原始数据上反映得更为明显,如图 4.5 所示。在采集的原始数据中,实际表示的是探头以螺旋状方式从靠近中心电极附近运动到绝缘子边缘所采集的电位分布情况。可以看出,正电压下,绝缘子表面呈现明显的正电位,同时伴有偏离整体趋势的“脉冲”状正、负电位分布。负电压下也是类似的。我们把前者称为电荷分布的“基本模式”,把后者称为“电荷斑”。如果把这两种电荷积聚模式分开研究,将发现许多有趣且重要的实验现象,从而可以找到其各自的形成机理。

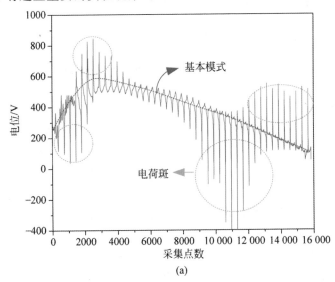

(a)

图 4.5　典型的原始测量数据反映出气-固界面电荷分布的两种模式

(a) 正电压下的典型测量数据;(b) 负电压下的典型测量数据

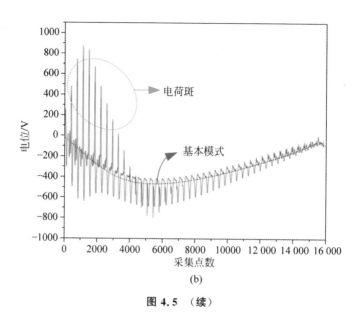

(b)

图 4.5 （续）

4.2.1 基本模式

缩比 GIL 模型采用的是同轴电极结构,理想情况下,绝缘子表面电荷分布的"基本模式"应该是围绕中心电极呈圆周对称分布。因此,可用电荷密度沿绝缘子半径方向的分布曲线表征绝缘子表面电荷分布的"基本模式"。但是,直接对绝缘子圆周上的电荷求平均值的话,那些偏离均值较大的"电荷斑"会严重影响最终结果。所以,为了提取"基本模式",首先要排除"电荷斑"对统计结果的影响。

我们采用统计学中的"四分位法"提取"基本模式"的特征。首先,以圆周一圈为一个单位,找出每一圈 360 个电荷密度值中的最大值 max 和最小值 min;其次,以 $\Delta q = (\mathrm{max} - \mathrm{min})/4$ 为区间宽度,将电荷密度的大小分为 4 个区间,即 $\mathrm{min} \sim \mathrm{min} + \Delta q$,$\mathrm{min} + \Delta q \sim \mathrm{min} + 2\Delta q$,$\mathrm{min} + 2\Delta q \sim \mathrm{max} - 2\Delta q$,$\mathrm{max} - \Delta q \sim \mathrm{max}$;然后,统计落入每个区间的电荷密度的总数;最后,取频数最大的那一组的平均值作为该圈电荷密度的平均值。例如,绝缘子上某圈的电荷密度最小值为 $-12 \times 10^{-6} \ \mathrm{C/m^2}$,最大值为 $28 \times 10^{-6} \ \mathrm{C/m^2}$,将这圈电荷密度值按照"四分位法"进行统计,得到如图 4.6 所示的柱状图,柱状图的数值代表落入该区间的电荷密度的频数(频数之和为 360)。可见,落入区间 2 中的电荷密度值最多,说明该区间内的电荷密度值基本能够反映该圈电荷的平均水平,对该区间内的电荷密度值取平均数来表征该圈电荷的平均水平。相反地,落入其他三个区间的数值,主要是那些偏离均值较大的"电荷斑"上的电荷密度,它们不会计入平均值的计算中,这样就排除了"电荷斑"的影响。

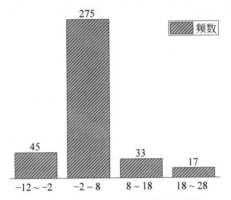

图 4.6　"四分位法"对应的统计结果

采用"四分位法",分别对绝缘子上 44 圈中每一圈的电荷密度进行统计平均,可以得到各圈的平均电荷密度沿绝缘子半径方向的分布,将其用多项式曲线进行拟合,得到的就是能够反映绝缘子表面整体带电情况的"基本模式"。图 4.7 为 −10 kV 下 360 min 时空气中的绝缘子表面电荷"基本模式"提取示例,其中彩色的背景反映了所有电荷密度的范围大小。可以看

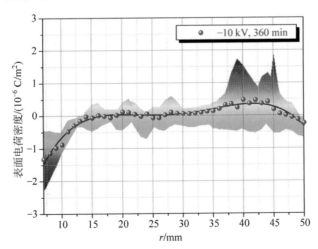

图 4.7　绝缘子表面电荷"基本模式"提取示例(−10 kV,360 min,空气)

出,"基本模式"表现了绝缘子表面电荷的整体分布趋势,并不受那些电荷密度特别大的"电荷斑"的影响。

采用上述方法,对空气中正电压和负电压下典型的实验结果进行分析,得到气-固界面电荷"基本模式"随时间变化的情况如图 4.8 所示(以 ± 20 kV 电压下的实验结果为例)。从图中可以看出,除了 35 mm$<r<$45 mm 的区域,电荷的极性与所加电压极性相同。同时,虽然图中只给出了 ± 20 kV 电压下的情况,但事实上,不同电压下电荷密度沿半径方向的分布曲线十分相似,其轮廓基本一致。

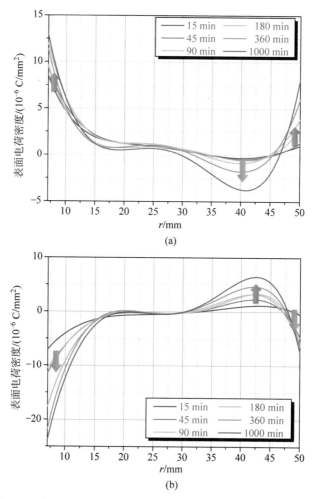

图 4.8 ± 20 kV 电压下空气中绝缘子表面电荷分布的"基本模式"随时间变化情况

(a) $+20$ kV;(b) -20 kV

"基本模式"下的电荷密度大小与加压时间长短有关。在单极性电荷分布的区域,电荷密度随着加压时间的增大而逐渐增大,而不同区域电荷密度的增长幅度不同。选取不同情况下绝缘子上的一些典型区域,画出其表面电荷密度随时间的变化曲线,如图 4.9 所示。可以看出,在加压的前 180 min,电荷密度随时间几乎线性增加,但是超过 180 min 后,电荷密度的增长变缓,逐渐趋于饱和,该过程的时间常数为 3～5 h。该时间常数会随着直流电场强度的增大而小幅增大,也就是说高电压下电荷密度达到饱和所需的时间更长一些。

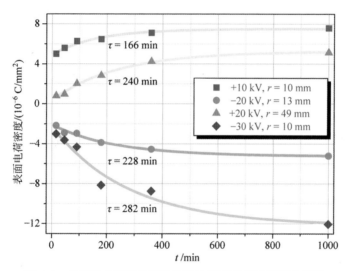

图 4.9 绝缘子上不同位置处表面电荷密度随时间变化情况

为了更好地理解上述"基本模式"下的气-固界面电荷积聚规律,需要对其形成机理进行深入分析。基于文献中对绝缘子表面电荷积聚机理的研究,气-固界面电荷的来源主要有三个途径:固体的体电导、气体的电导和固体的表面电导。大多数研究者认为,表面电荷的积聚主要是由气体侧的带电粒子沿着电场线迁移到绝缘子表面所致,带电粒子的可能来源包括气体中的自然电离、电晕放电,以及场致发射等。然而,如果这是导致表面电荷积聚的唯一机理,那么根据本实验中电场线的分布(图 2.10),在绝缘子斜面上积聚的电荷必然和中心电极所加电压极性相反。例如,如果中心电极施加正电压,那么绝缘子斜面上的电场线均由固体侧指向气体侧,此时,气体中的负离子会沿着电场线迁移到绝缘子表面,因此绝缘子表面会积聚负电荷。然而,除了 35 mm<r<45 mm 的区域外,上述"基本模式"中的电

荷极性与所加电压极性相同。因此,气体中的带电粒子并不是导致上述"基本模式"的主要原因,而有可能是导致"电荷斑"的原因之一。4.3节将对上述"基本模式"的形成机理进行详细的分析。

4.2.2 电荷斑模式

绝缘子表面电荷积聚的第二种模式为"电荷斑"模式,指的是那些位置随机出现、分布在局部区域的点状、片状和条纹状电荷。这些电荷的形态各异,分布杂乱,看似无规可寻,但是通过分析大量的实验结果,仍可以从中得到一些规律。

点状的"电荷斑"通常有两种形态:一种是单极性电荷(single unipolar charge),另一种是双极性电荷对(bipolar charge pair)。它们具有如下的特征:首先,绝大多数单极性电荷都是和所加电压极性相反的异号电荷;其次,如果有一个单极性的同号电荷出现,那么在其旁边一定会有一个单极性的异号电荷,共同组成一个双极性电荷对;同时,所有的这种双极性电荷对总是具有同样的取向,即异号电荷靠近中心电极,同号电荷远离中心电极。以图4.1(a)的测量结果为例(−10 kV下加压180 min),在图4.10中标出了其中几种典型的点状"电荷斑"。这些点状"电荷斑"在图4.4(c)中也普遍存在。图4.11中也标出了几种在实验中发现的"电荷斑"。

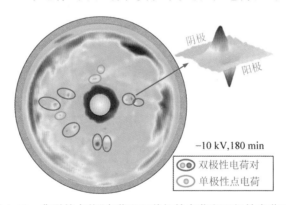

图4.10 典型的点状"电荷斑"(单极性电荷和双极性电荷对)

可以肯定的是,这些点状"电荷斑"有一部分是由绝缘子表面吸附的杂质造成的,这些杂质可能来自GIL管道中未清理干净的微小金属颗粒,也可能来自模型GIL单元在打开和闭合过程中产生的金属碎屑[41,44]。这种情况下,随着施加电压的不断增大,电场在金属颗粒附近不断增强,最终可

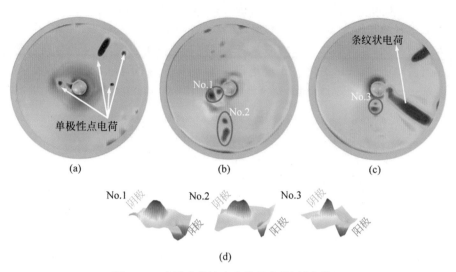

图 4.11　实验中普遍存在的几种典型"电荷斑"

(a) -30 kV,30 min；(b) $+15$ kV,30 min；(c) $+30$ kV,30 min；(d) 双极性电荷对

能在其尖端发生电晕放电。

图 4.12 反映了这种情况下产生点状"电荷斑"的机理。当中心电极施加正电压时(图 4.12(a))，在电场的法向分量的作用下，电晕放电产生的正离子将沿着电场线迁移到气体中，而负离子将沿着电场线迁移到绝缘子表面，形成一个负的点电荷区域(情况 1)；电晕产生的正负离子也会在切向电场的作用下沿着绝缘子表面向相反方向运动(情况 2)。这样，负电荷会出现在金属颗粒靠近中心电极的一端，而正电荷会出现在金属颗粒远离中心电极的一端，形成一个双极性电荷对。当中心电极施加负电压时(图 4.12(b))，情况类似。

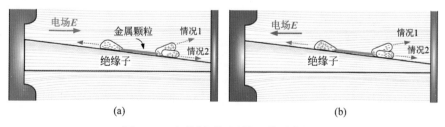

图 4.12　点状"电荷斑"的一种形成机理

(a) 中心电极加正电压；(b) 中心电极加负电压

为了验证上述模型,在加压之前,人为在绝缘子表面上固定金属颗粒,选取铝制细丝作为金属颗粒,细丝直径 0.2 mm,长度为 0.5~2 mm 不等。为了做对比,也选取非金属的尼龙细丝固定在绝缘子表面,尺寸和金属细丝相当。加压 10 min 之后,测量绝缘子表面电荷的分布情况,如图 4.13 所示。

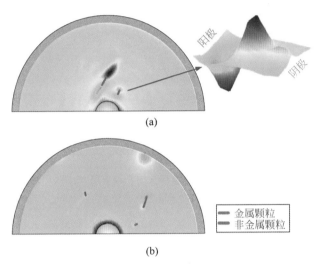

图 4.13　在绝缘子表面固定金属和非金属颗粒时绝缘子表面的电荷分布
(a) +10 kV,10 min;(b) −10 kV,10 min

正如猜测的一样,无论是正电压还是负电压,在固定金属颗粒处均观测到了双极性电荷对,其取向也与前文所述一致。意外的是,在固定非金属颗粒处也观测到了双极性电荷对,虽然其电荷密度要小于前者。这可能是由于在两种材料接触处由于电导率和介电常数突变而发生界面极化造成的,这些正负电荷在切向电场的作用下向相反方向移动,在非金属颗粒两端产生了双极性的电荷对。在实际实验中,绝缘子表面的非金属杂质可能来自擦拭绝缘子后残留的纤维等。

另外,还有一些其他因素也可能会导致点状"电荷斑"的产生。例如,绝缘子表面残留的脱模剂或者表层中含有的一些金属或非金属杂质,它们可能来自氧化铝填料,也可能来自磨具的表面,在制作绝缘子时浇注到了绝缘子表层。文献[44]曾对氧化铝-环氧复合绝缘子的微观表面进行过观察,发现在绝缘子的表层确实存在金属杂质。图 4.14 是文献[44]中采用扫描电子显微镜对绝缘子表面微观结构观察的图像,除氧化铝填料之外,可以看到一块明显的金属颗粒,化学分析表明它是 95％∶5％的铝-镁合金(质量分数),其尺寸大约为 50 μm,且带有一些凸出的棱角,这种表层中的金属杂质非常可能造成绝缘子表面局部极化,形成点状积聚的"电荷斑"。

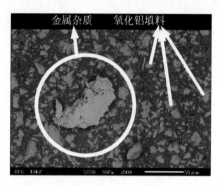

图 4.14　用扫描电子显微镜观察到的绝缘子表层中的金属杂质

除了点状的"电荷斑"之外,另一种形式的"电荷斑"是条纹状的。图 4.1(b)中左上方的正电荷和负电荷条纹,以及图 4.2(c)中靠近中心的正电荷条纹都是一些典型的条纹状"电荷斑"。实际上,图 4.1～图 4.4 中的一些"红圈"或"蓝圈"也是这种类型的"电荷斑"。这些条纹状"电荷斑"通常分布在法兰或中心电极附近,位置随机出现,多数情况下它们与所加电压极性相反。在有些情况下,这些异极性的电荷可能会在电场切向分量的作用下,随着加压时间的不断增加,从法兰一端贯穿到中心电极一端,如图 4.15 所示。这种情况在电压越高时越容易发生,例如在图 4.11(c)中,＋30 kV 加压30 min 时就能观测到异极性的条纹状"电荷斑"贯穿绝缘子表面。可以设想,这种情况一旦发展下去,极易引发绝缘子的沿面闪络。

根据上述实验现象,并结合气体中正负离子流的迁移方向,猜测这些条纹状的"电荷斑"主要源于地电极(法兰)和绝缘件浇注的"三结合点"位置。在三结合点处,电场强度较大,如果电极和绝缘件之间在浇注过程中存在缝隙、气泡、破损等微观缺陷,很可能触发局部放电,产生源源不断的正负电荷,而与所加电压极性相反的电荷会在电场的作用下吸附在绝缘子表面,从而形成条纹状的"电荷斑"。也有些文献认为,电极上的一些微小凸起可能造成局部微放电(电晕放电),甚至场致发射,它们也可能是这些条纹状"电荷斑"的来源[55]。

实验观测到的"电荷斑"会随着加压幅值的增大而越来越严重,这些随机分布的"电荷斑"的密度不断增大,面积逐渐扩展并连成一片。最终,"电

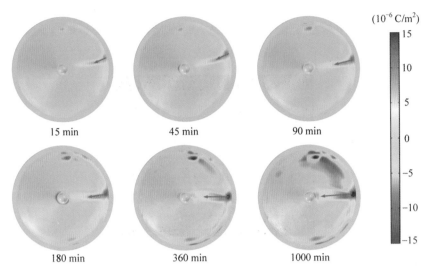

图 4.15　−20 kV 电压下 SF$_6$ 中圆锥绝缘子表面电荷密度分布随时间变化情况

荷斑"可能会掩盖住"基本模式"。

4.3　气-固界面电荷积聚的动力学模型

本节将对气-固界面电荷积聚的动力学过程进行建模,重点分析造成气-固界面电荷积聚"基本模式"的主导因素。

4.3.1　建立模型

在高压直流气体绝缘输电管道内部,存在非常复杂的多物理过程耦合场,如图 4.16 所示。在气体空间中,宇宙射线导致的气体自然电离、由电极上的毛刺尖端或杂质金属颗粒导致的微放电(电晕放电),以及可能由局部高场强引起的阴极场致发射等都可能产生正离子和电子;由于绝缘气体具有很强的电负性,绝大多数的自由电子又被中性分子吸附,产生负离子;正离子与负离子或电子相遇,可能发生电荷的中和又复合为中性分子。同时,正负离子在电场力的作用下迁移,在浓度梯度的作用下扩散,这些带电粒子在电场中的运动形成了气体中的离子流。而固体侧电荷的产生包括电极附近的电荷注入、载流子的入陷、材料的极化、材料电导不均匀带来的空间电荷,以及由材料内部缺陷引起的局部放电等。另外,载流的高压导杆会产生欧姆热,这些热量会通过传导、对流和扩散的方式在整个气体空间和固体绝

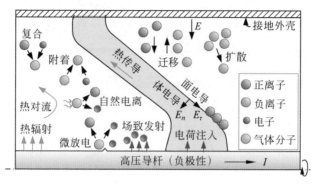

图 4.16　高压直流气体绝缘输电管道内部的多物理过程

缘材料内部形成不均匀的温度场[89,118]。

　　这些物理过程之间的耦合十分紧密。例如,直流电压下的静电场决定了空间的电场分布,从而影响了气体中离子流场的分布;同时,根据泊松方程可知,正负离子的空间分布又会反过来影响静电场的分布。温度场的存在一方面会影响固体绝缘材料的电导率分布,另一方面也会影响气体中离子浓度的分布,它们都会引起静电场分布的改变。可见,要对这样一个具有强耦合关系的多物理场进行建模是十分复杂的。

　　下面,我们选择气-固界面为突破口,以界面电荷的积聚过程为研究对象,在图 4.17 所示的几何模型中,对上述过程逐个建模。简单起见,本节先不对温度场的影响进行讨论,温度梯度对电荷分布的影响将在 4.4.2 节单独研究。

　　目前普遍认为,直流电场中绝缘子表面电荷的积聚主要来自三个途径,即固体

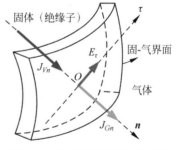

**图 4.17　气-固界面上各物理量
的方向**

中的体电流、气体中的离子流,以及气-固界面的面电流。根据电流的连续性,气-固界面电荷密度 ρ_S 的积聚过程可以由下式表示:

$$\frac{\partial \rho_S}{\partial t} = \boldsymbol{n} \cdot \boldsymbol{J}_V - \boldsymbol{n} \cdot \boldsymbol{J}_G - \mathrm{div}(\kappa_S \cdot \boldsymbol{E}_\tau) \qquad (4\text{-}1)$$

式中,J_V 和 J_G 分别表示流进或流出绝缘子表面的固体侧电流和气体侧电流;κ_S 表示绝缘材料的表面电导率;E_τ 表示电场强度在绝缘子表面的切向

分量。n 是绝缘子表面的单位法向向量。各物理量的具体方向如图 4.17 所示。

在式(4-1)中,固体中的体电流 J_V 包括位移电流和传导电流两个部分:

$$J_V = \frac{\partial \boldsymbol{D}}{\partial t} + \kappa_V \cdot E \qquad (4\text{-}2)$$

式中,$\boldsymbol{D}$ 是电位移矢量;κ_V 表示绝缘材料的体积电导率。

气体空间中离子流场的形成包含正负离子的产生、复合、附着、迁移、扩散等过程,可以采用如下的粒子输运方程来描述[119]。对于未产生强烈放电的电负性气体,电子的浓度可以忽略,输运方程只考虑正负离子的浓度。

$$\partial_t n^+ = n_{IP} - Rn^+ n^- - \operatorname{div}(n^+ \cdot \mu^+ \cdot E) + D^+ \nabla^2 n^+ \qquad (4\text{-}3)$$

$$\partial_t n^- = n_{IP} - Rn^+ n^- + \operatorname{div}(n^- \cdot \mu^- \cdot E) + D^- \nabla^2 n^- \qquad (4\text{-}4)$$

式中,n^+ 和 n^- 分别为正负离子的浓度;n_{IP} 是自然辐射下正负离子对的产生速率;R 是正负离子的复合系数;$\mu^{\pm}$ 和 $D^{\pm}$ 分别是正离子和负离子的迁移率和扩散系数。

那么,气体中的电流密度 J_G 可由下式计算得出:

$$J_G = \partial_t D + e(\mu^+ n^+ + \mu^- n^-) \cdot E - e\nabla(D^+ n^+ - D^- n^-) \qquad (4\text{-}5)$$

气-固界面电荷积聚过程中的空间电场由外加电压的拉普拉斯场和空间离子流场构成,可用泊松方程描述为

$$E = -\nabla\varphi \qquad (4\text{-}6)$$

$$\nabla^2 \varphi + e(n^+ - n^-)/\varepsilon = 0 \qquad (4\text{-}7)$$

为了联立求解上述偏微分方程组,需要对模型设置合适的边界条件。首先,中心导杆和地电极上的电位满足第一类边界条件(狄利克雷边界条件):

$$\varphi_{HV} = U \qquad (4\text{-}8)$$

$$\varphi_{GND} = 0 \qquad (4\text{-}9)$$

式中,U 是中心电极所加的电压。其次,气-固界面处电位连续,所以有:

$$\varphi_S = \varphi_{SV} = \varphi_{SG} \qquad (4\text{-}10)$$

在几何模型的截断处,认为电场线与 r 轴平行,所以电位在截断处的边界条件为

$$\boldsymbol{n} \cdot (-\nabla\varphi) = 0 \qquad (4\text{-}11)$$

正负离子浓度的边界条件需根据边界上离子流的方向来确定,具体规定如下:

(1)如果电流的方向是流出边界,则该边界上正离子浓度为 0,负离子

浓度的梯度为 0；

（2）如果电流的方向是流进边界，则该边界上负离子浓度为 0，正离子浓度的梯度为 0。

求解方程组之前，还需设置方程中待求量的初始值。模型中各处电位的初始值设为 0，正负离子浓度的初始值设为自然辐射条件下的稳态值，可由下式确定[50]：

$$n^+(t_0) = n^-(t_0) = \sqrt{\frac{\partial n_{IP}}{\partial t} \cdot \frac{1}{R}} \tag{4-12}$$

在多物理场仿真软件 Comsol Multiphysics^{TM} 中联立方程(4-1)～方程(4-7)，其中一些主要参数的取值在表 4.1 中给出，结合边界条件和初始条件，即可求解气-固界面电荷密度 ρ_S 随时间的变化情况。

表 4.1　模型中的参数取值表 *

参　　数	取　　值	文 献 来 源
μ^+	1. 36 cm^2/(V · s)	[120]
μ^-	1. 87 cm^2/(V · s)	[120]
D^+	3. 4×10^{-2} cm^2/s	[120]
D^-	4. 7×10^{-2} cm^2/s	[120]
$n_{IP}^\dagger$	10～50 cm^{-3} · s^{-1}	[50]
R	2. 2×10^{-6} cm^3/s	[120]

* 所有参数的取值以 0.1 MPa 空气为准；† 仅考虑自然辐射下产生的正负离子。

特别地，如果需要模拟阴极上可能出现的场致发射，可采用福勒-诺德海姆隧穿(Fowler-Nordheim tunneling)公式来描述理想条件下的场致发射电流[47]。假设阴极上所有发射的电子立即被中性粒子吸附，那么单位时间、单位面积上的负离子产生速率 $\partial N^-/\partial t$ 可以表示为[121]

$$\frac{\partial N^-}{\partial t} = \alpha_{FN} \lambda_{FN} a_{FN} \frac{(\beta_{FN}|E|)^2}{eW_M} \exp\left(-\frac{v_{FN}(y_{FN})b_{FN}W_M^{3/2}}{\beta_{FN}|E|}\right) \tag{4-13}$$

式中，W_M 是金属的功函数；$a_{FN} = 1.54×10^{-6} AeV/V^2$ 和 $b_{FN} = 6.83×10^9 V/(eV^{3/2}m)$ 是福勒-诺德海姆常数。比例系数 $\alpha_{FN} = S_{eff}/S_M$，$S_{eff}$ 是能够引起场致发射的有效电子发射面积，S_M 为阴极表面的总面积，α_{FN} 的取值范围为 $7.7×10^{-11}～1.5×10^{-7}$[47]。λ_{FN} 为修正系数，考虑了不同温度、不同的电子能级以及原子的波函数等因素对场致发射电流密度的影响，λ_{FN} 的取值范围为 $0.005～10$[121]。β_{FN} 是电场增强系数，考虑了阴极表面的粗糙度等因素,对铝制材料的电极,β_{FN} 的取值范围为 $68\sim800$[122]。铝的功函数取值范围为 $1.77\ eV\leqslant W_M\leqslant3.95\ eV$[120]。函数 $v_{FN}(y_{FN})$ 描述了金属表面势垒在外加电场下的降低,它可以用如下表达式来计算[121]:

$$y_{FN}=\frac{3.79\times10^{-5}\dfrac{eVm^{1/2}}{V^{1/2}}\cdot\sqrt{|E|}}{W_M}\tag{4-14}$$

4.3.2   实验结果与仿真结果的对比

根据材料的属性,分别设绝缘子的体积电导率为 1.2×10^{-16} S/m,面电导率为 1×10^{-19} S,相对介电常数为 5.1。中心电极加压为 $U=+20$ kV。选择 0.1 MPa 空气中的正负离子对产生速率 $n_{IP}=10$ IP/(cm³ · s)(仅考虑自然辐射),忽略场致发射等其他离子来源。将上述物理过程在有限元数值仿真软件 COMSOL Multiphysics™ 中求解计算,得到绝缘子斜面上的表面电荷分布如图 4.18 曲线 1 所示。从图中可以看出,仿真得到的表面电荷密度数量级为 10^{-16} C/m²,与实测结果一致。而且,仿真得到的电荷分布曲线与实测曲线轮廓基本一致,电荷密度最大值出现在中心电极处和绝缘子边缘处,这与气-固界面的法向电场强度分布趋势也是一致的。

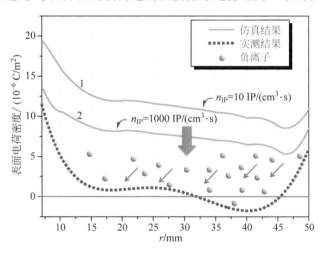

图 4.18   仿真和实测的绝缘子表面电荷"基本模式"分布情况(+20 kV,6 h)

若忽略表面电流的影响,从式(4-1)可以看出,表面电荷的积聚与气-固界面两侧的电流差异有关。假设气-固界面处电场线方向与 $\boldsymbol{n}$ 的方向一致,当固体侧电流占主导时,即 $J_{Vn} > J_{Gn}$,则 $\rho_s > 0$,表面积聚正电荷;当气体侧电流占主导时,即 $J_{Vn} < J_{Gn}$,则 $\rho_s < 0$,表面积聚负电荷。由实验观察到的气-固界面电荷分布"基本模式"极性与所加电压极性相同,所以可以判断这种整体带同号电荷的分布模式是由固体侧电流占主导所造成的,这从仿真结果中也得到了验证。

然而,实验结果比仿真结果得到的电荷密度要小一些,而且在局部区域出现了异号电荷。可以推测,气体侧的实际电流数值要比仿真的电流数值大,而且可能并非均匀分布。这是可以理解的,因为仿真中仅考虑了自然辐射情况下气体中产生的正负离子,产生速率仅为 10 IP/(cm³ · s),且各处相等,在电场作用下达到稳态时的正负离子浓度数量级仅为 $10^4/cm^3$,正负离子浓度的稳态分布如图 4.19 所示。而实际上,加压之后,在一些电场强度集中的地方可能存在微放电等其他离子来源,这些新产生的负离子在电场线的作用下向绝缘子表面迁移,导致气体侧电流比仿真的要大。如果在仿真模型中将正负离子的产生速率改为 1000 IP/(cm³ · s),仿真得到的表面电荷密度就会减小,如图 4.18 曲线 2 所示。进一步来说,如果在 GIL 的局部产生了非常多的额外离子,就很可能在绝缘子表面上对应的局部区域造成 $J_{Vn} < J_{Gn}$ 的情况,使该处积聚负电荷,这就是实测结果中绝缘子表面靠近外围处出现负电荷的原因,即:绝缘子边缘的"三结合点"附近可能产生了微放电。

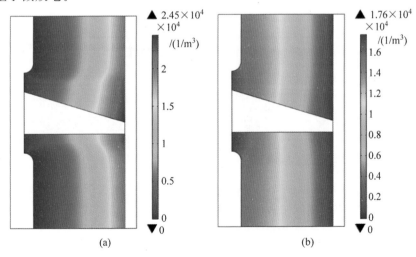

图 4.19　仿真得到的 GIL 模型中正负离子浓度

$U = +20 \text{ kV}$

(a)正离子浓度;(b)负离子浓度

4.3.3　仿真体积电导率对电荷积聚的影响

在仿真模型中改变绝缘子的体积电导率,研究体积电导率对绝缘子表面电荷的影响规律。图 4.20 为仿真得到的不同体积电导率下的绝缘子表面电荷分布曲线。可以看出,随着体积电导率的减小,表面电荷密度逐渐减小。当体积电导率减小到低于 1×10^{-20} S/m 时,表面电荷密度的极性由正变负,说明此时气体侧的电流开始大于固体侧的电流。实际上,工程上使用的微米氧化铝-环氧树脂绝缘子的体积电阻率数量级约为 10^{17} Ω·cm,即体积电导率为 $10^{-16}\sim10^{-15}$ S/m,远低于 1×10^{-20} S/m。因此,设法提高绝缘子的体积电阻率(减小体积电导率)是减小表面电荷积聚"基本模式"的一个有效途径。

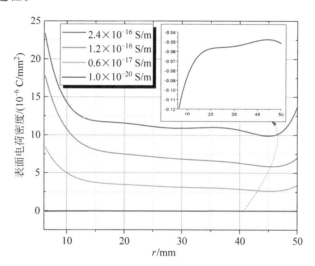

图 4.20　表面电荷随体积电导率变化的仿真结果

$U=+20$ kV,表面电导率为 1×10^{-20} S

4.3.4　仿真表面电导率对电荷积聚的影响

同样地,保持其他参数不变,在仿真模型中改变绝缘子的表面电导率,研究表面电导率对绝缘子表面电荷的影响规律。图 4.21 为仿真得到的不同表面电导率下的绝缘子表面电荷分布。

当绝缘子的表面电导率从 0 逐渐增大到 1×10^{-19} S 时,仿真得到的表面电荷密度略有减小,但变化十分不明显。当表面电导率从 1×10^{-18} S 逐

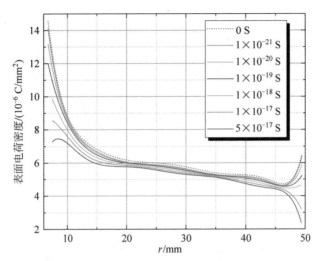

图 4.21 表面电荷随表面电导率变化的仿真结果

$U=+20\text{ kV}$,体积电导率为 $1\times10^{-16}\text{ S/m}$

渐增大到 5×10^{-17} S 时,绝缘子中间区域的表面电荷密度变化不大,但绝缘子边缘区域的表面电荷密度明显减小,沿半径方向的整体分布变得平缓。然而,实际上,经过良好处理的干燥的环氧树脂复合绝缘子,其表面电导率可以达到 1×10^{-19} S 以下[123],在气体绝缘设备中使用的环氧树脂复合绝缘子长期处在洁净且严格干燥的高压 SF_6 气体中,其表面电导率会变得更低。可见,表面电导率对表面电荷积聚"基本模式"的影响较小,因此,很多文献在仿真分析时,设表面电导率为 0,直接忽略了表面电导率对电荷积聚的影响[47,54,85]。但是,需要指出的是,表面电导率对表面电荷积聚"基本模式"的影响较小,并不意味着对"电荷斑"模式的影响也较小。"电荷斑"的存在会在绝缘子表面局部形成很强的切向电场分量,适当增大绝缘子的表面电导率会促进"电荷斑"向周围区域消散,使"电荷斑"变得均匀,整体电荷密度降低。

4.4 对气-固界面电荷积聚理论的实验验证

根据 4.3 节的分析,气-固界面电荷积聚的"基本模式"主要取决于固体侧电流和气体侧电流的相对大小。对于本实验中的电极结构,当固体侧电流大于气体侧电流时,斜面上积聚的电荷极性与所加电压极性相同;反之,斜面上积聚的电荷极性与所加电压极性相反。结合4.1节中实测的结果可知,本实验中绝缘子侧的电流要大于气体侧的电流。那么,在一些特殊情况下,当上述两种电流的相对大小发生改变时,是否依然满足这样的气-固界面电荷积聚规律呢?本节将设计不同的实验对此进行验证。

4.4.1   不同体积电导率的绝缘子表面电荷积聚

为了研究不同体积电导率的绝缘子表面电荷积聚情况,选用硅橡胶、聚四氟乙烯、纯环氧树脂和有机玻璃四种材料制作圆锥绝缘子(图4.22)。其中,硅橡胶的体积电导率数量级约为 10^{-14} S/m,有机玻璃和纯环氧树脂的体积电导率数量级为 $10^{-17}\sim10^{-16}$ S/m,聚四氟乙烯的体积电导率最小,数量级为 $10^{-18}\sim10^{-17}$ S/m。

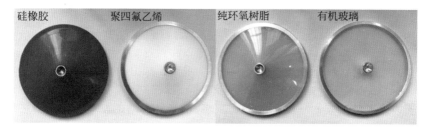

图4.22   四种不同材料的圆锥绝缘子

分别对这四种绝缘子施加直流电压180 min,测量它们的表面电位分布并计算表面电荷分布,结果如图4.23所示。其中,对于聚四氟乙烯、有机玻璃和纯环氧树脂绝缘子,施加电压为±20 kV;而对于硅橡胶绝缘子,施加电压为±5 kV,否则硅橡胶绝缘子的表面电位将超出静电计量程。

从图4.23中可以看出,加压后四种绝缘子的表面整体电位都与所加电压极性相同,即表面电荷的“基本模式”与所加电压极性相同。在所加电压只有5 kV的情况下,硅橡胶绝缘子表面积聚的电荷最多,电荷量远远高于其余三种材料的绝缘子;聚四氟乙烯绝缘子表面积聚的电荷相对最少(不考虑“电荷斑”)。这是因为硅橡胶材料的体积电导率最大,固体侧电流远大于气体侧,使绝缘子表面大量积聚同号电荷;而聚四氟乙烯材料的体积电导率最小,固体侧电流和气体侧电流之间的差异较小,绝缘子表面积聚的电荷也就相对最少。可见,实验结果和4.3节中提出的气-固界面电荷积聚规律的结论是一致的。

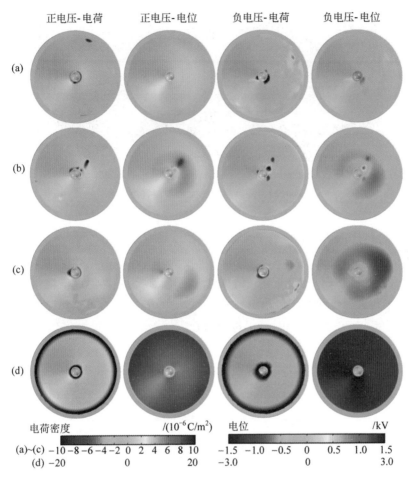

图 4.23　四种不同材料的绝缘子表面电位和表面电荷分布

（a）聚四氟乙烯；（b）有机玻璃；（c）纯环氧树脂；（d）硅橡胶

4.4.2　温度梯度下的绝缘子表面电荷积聚

　　水平放置的 GIL 在正常载流运行的情况下,其中心导杆的温度可以达到 70℃,而其外壳的温度略高于室温,从而在 GIL 管道内部会形成一定的温度梯度,本节将设计实验模拟这种情况。在实验装置中用循环油浴法加热中心导杆,使其保持在 70℃左右,采用红外热像仪观察此时的温度分布,如图 4.24(a)所示,可以看到此时外壳的温度为 30℃左右。该温度场的仿真结果如图 4.24(b)所示。

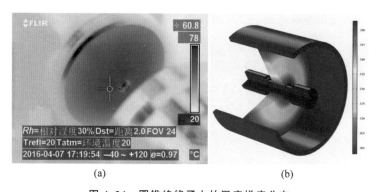

图 4.24 圆锥绝缘子上的温度梯度分布

(a) 红外热像图；(b) 温度场仿真结果

采用三电极法测量 Al_2O_3-环氧复合材料在不同温度下（25～90℃）的体积电导率和表面电导率，所加电场强度为 1 kV/mm，极化时间为 300 s。图 4.25 所示为不同温度下测得的体电流，图 4.26 为不同温度下测得的体积电导率和表面电导率。体积电导率 κ_V 和温度 T 之间的关系可以用阿伦尼乌斯方程（Arrhenius equation）进行拟合[53]：

$$\kappa_V = A \cdot \exp(-B/T) \tag{4-15}$$

根据图 4.26 中的数据，得到拟合参数 $A=0.013$ S/m 和 $B=9225$ K。

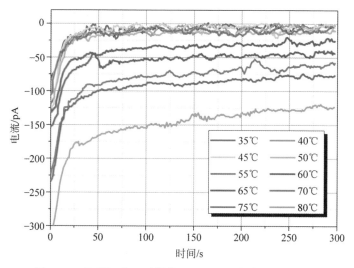

图 4.25 不同温度下测得的 Al_2O_3-环氧复合材料体电流

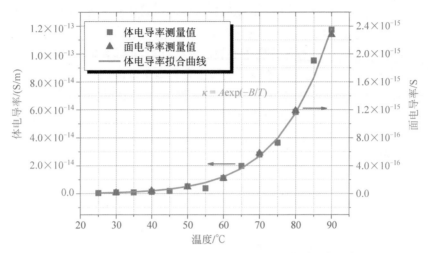

图 4.26　不同温度下测得的 Al_2O_3-环氧复合材料电导率

得到电导率和温度的关系之后,对 4.3 节中的仿真模型进行修正,将其中绝缘子的电导率改成温度的函数,绝缘子中温度的分布可以通过温度场仿真获得。如图 4.27 所示为中心电极加压 +20 kV 时,绝缘子表面电荷沿半径方向的仿真结果。可以看到,在温度梯度作用下,绝缘子表面依然积聚同号电荷,说明绝缘子的体电流大于气体侧电流。而且,电荷密度沿半径方

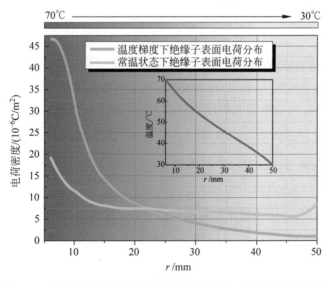

图 4.27　温度梯度下绝缘子表面电荷沿半径方向分布的仿真结果

向呈类似指数衰减分布,中心电极处积聚的电荷远比常温下大得多,这是因为中心电极附近的温度最高,电导率最大,体电流最大,电荷注入最多。

测量温度梯度下实际绝缘子的表面电荷分布,得到如图4.28所示的结果。可以看出,+20 kV下绝缘子表面主要积聚正电荷,中心电极附近的电荷积聚十分严重。提取其"基本模式"可以看出,电荷密度沿着半径方向由内向外急剧递减,趋势与仿真的结果基本一致。本实验验证了电荷积聚的"基本模式"是由固体侧电流主导的,高温下绝缘子体积电导率增大,导致固体侧电流增大,表面电荷增多。

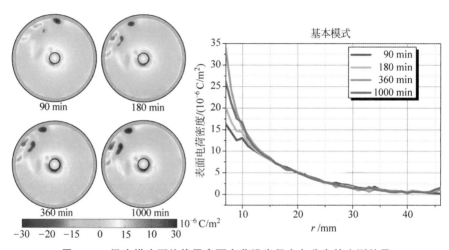

图4.28   温度梯度下绝缘子表面电荷沿半径方向分布的实测结果

然而,值得注意的是,在多组温度梯度下的实验中都发现"电荷斑"的数量少于常温下的实验,而且"电荷斑"的电荷密度也较小、分布不集中,这是由高温下表面电导率增大使得局部的"电荷斑"沿着绝缘子表面向四周扩散造成的。

4.4.3   高离子浓度气体中的绝缘子表面电荷积聚

根据4.3节的分析,绝缘子表面电荷积聚的"基本模式"之所以和所加电压极性相同,是因为固体侧的体电流大于气体侧电流。那么,如果人为增大气体侧的电流,是否会出现相反的结果呢? 为此,将离子风机[①]置于如

---

①   离子风机是一种通过尖端电晕放电产生大量正负离子气流的设备,主要由电晕放电器、高压电源和送风系统组成,用于消除绝缘材料表面的静电,通常安装在电子器件生产线等静电防护区域。

图 2.11 所示的实验腔体中,使其在绝缘子加压过程中可以源源不断地向气体中提供高浓度的正负离子,相当于人为增大了气体中正负离子的产生速率 n_{IP}。加压一段时间后,同时断开高压源和离子风机,测量绝缘子表面的带电情况。图 4.29 为 -10 kV、加压 30 min 情况下,绝缘子表面电荷和电位的分布情况。可以看到,绝缘子表面积聚的电荷基本为正电荷,与所加电压极性相反。这是因为离子风机为气体中提供了大量的正负离子,其中正离子在电场的作用下沿着电场线迁移到了绝缘子表面。此种情况下,气体侧电流大于固体侧电流,使得积聚的电荷极性发生了改变。由此可见,表面电荷积聚的"基本模式"确实与固体侧电流和气体侧电流的相对大小有关,积聚电荷的极性受固体材料属性和实验气体环境影响,并不是一成不变的。

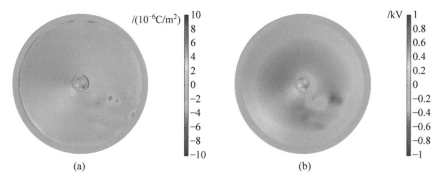

图 4.29　高离子浓度气体中绝缘子表面电荷及表面电位分布情况

$$U = -10 \text{ kV}, 30 \text{ min}$$

(a) 表面电荷；(b) 表面电位

4.5　本　章　小　结

在本章中,测量了直流电压下空气和 SF_6 中绝缘子表面电荷的分布,研究了表面电荷分布的规律,总结了表面电荷积聚的两种模式,即"基本模式"和"电荷斑"模式,分析了两种模式的相应特点。建立了气-固界面电荷积聚的动力学模型,结合仿真结果对实验现象进行了分析,提出了表面电荷积聚"基本模式"的相关机理,并分别研究了体积电导率和表面电导率对表面电荷积聚"基本模式"的影响。最后,通过几组实验,对气-固界面电荷积聚理论进行了验证。本章得到的主要结论如下:

(1) 对绝缘子表面电荷的实测结果表明,表面电荷的分布呈现均匀分布的"基本模式"和随机分布的"电荷斑"两种模式。

（2）"电荷斑"模式分为点状"电荷斑"和条纹状"电荷斑"两种，点状"电荷斑"又有两种形态：单极性点电荷和双极性电荷对。单极性点电荷和条纹状电荷的极性都与所加电压极性相反；而双极性电荷对的取向总是异号电荷靠近中心电极，同号电荷远离中心电极。点状"电荷斑"可能是由吸附或潜藏在绝缘子表面的杂质等造成的，而条纹状"电荷斑"与三结合点处的微放电有关。

（3）"基本模式"的极性与所加电压的极性相同，主要是由固体侧体电流大于气体侧电流导致的。根据气-固界面电荷积聚的动力学模型可知，在忽略表面电流的情况下，表面电荷积聚的"基本模式"与气-固界面两侧固体体电流和气体体电流的相对大小有关。在气体侧没有额外离子源的情况下，气体侧电流远小于固体侧电流，固体侧电流在电荷积聚过程中占主导，所以"基本模式"的极性与所加电压极性相同。

（4）仿真结果表明，在一定范围内，降低绝缘子的体积电导率可以有效减小"基本模式"下气-固界面电荷的积聚；理论上，当绝缘子的体积电导率降到低于 1×10^{-20} S/m 数量级时，气-固界面电荷降至最低，且极性会发生反转；气体绝缘设备中实际使用的绝缘子表面电导率较小，对气-固界面电荷"基本模式"的影响较小；在一定范围内增大绝缘子表面电导率，可以使"基本模式"整体分布变得平缓。

（5）在模拟 GIL 载流运行时，在 GIL 管道内部会形成温度梯度，由于中心电极附近的温度较高，使绝缘子体积电导率较大，导致靠近中心电极附近的绝缘子表面积聚大量电荷，绝缘子表面电荷密度沿半径方向由内到外呈近似指数衰减分布。

（6）当气体中的正负离子浓度较高时，可能会造成气-固界面处气体侧电流大于固体侧电流的情况，导致绝缘子表面积聚电荷的极性与所加电压极性相反。

第5章 气-固界面电荷消散特性及其动力学模型

从第4章的实验中可以看到,直流 GIL 中绝缘子表面非常容易积聚大量电荷;同时,在第1章中已经提到,即使是交流输电系统,当隔离开关断开后,GIL 母线上的残余电荷也可以导致绝缘子承受近 0.8 pu 的直流电压,同样可以使 GIL 绝缘子表面积聚大量电荷。越来越多的 GIL/GIS 现场事故表明,在隔离开关再次合闸时容易造成母线对外壳的闪络事故。目前普遍认为,这是由于气-固界面电荷产生的附加电场对隔离开关操作时产生的 VFTO 起到了增强作用,导致沿面闪络电压大幅下降[60]。所以,研究者们非常关心在 GIL/GIS 再次投入运行之前,绝缘子上的表面电荷通过消散还剩余多少。因此,研究气-固界面电荷的消散特性,构建描述消散过程的动力学模型具有重要意义。多年来,研究者们针对固体材料的电荷消散特性,在电气绝缘[124-128]、驻极体[129-130]、电光材料[131]、航空航天[132]等领域进行了大量的研究。目前普遍认为,对于在气体氛围中的高电阻率固体材料,其表面电荷的消散主要通过如下三种途径:①与气体中带电粒子的中和消散;②从固体材料内部消散;③沿着固体表面消散。通常情况下,这三种途径总是同时存在,很难区分每种途径各自的特点。而且,以往的研究对象往往是材料表面的电位而非电荷密度[51,133],而仅仅通过电位分布信息无法获得电荷消散的真实特征。本章通过设计对比实验,以静电探头和电荷反演为手段,观测环氧树脂材料在不同情况下的表面电荷消散过程。通过构建物理模型,分别考察在体电导消散、面电导消散、与气体离子中和消散三种机理主导下的表面电荷消散现象,全面揭示气-固界面的电荷消散特性和动力学过程。

5.1 实 验 设 计

5.1.1 实验样品

本实验中,主要的研究对象为微米氧化铝掺杂的环氧树脂材料(Al_2O_3-

epoxy,Al_2O_3-EP),其浇注配方和工艺与第 2 章介绍的相同。为了研究材料性质对表面电荷消散的影响,也对比研究了高温硫化硅橡胶材料(silicone rubber,SR)和聚四氟乙烯材料(polytetrafluorethylene,PTFE)的表面电荷消散现象。被测试样为圆柱形,厚度为 3 mm,直径为 100 mm。三种材料的介电常数和电导率如表 5.1 所示。

表 5.1 实验材料的参数

材料	Al_2O_3-EP	SR	PTFE
相对介电常数*	5.1	3.0	2.1
体积电导率/(S/m)†	2.9×10^{-16}	6.4×10^{-15}	$<1.0\times10^{-17}$
表面电导率/S†	8.5×10^{-19}	4.5×10^{-17}	$<1.0\times10^{-18}$

* 采用介电谱仪,在 50 Hz 交流电压下测得,测试温度为 20℃;

† 采用 Keithley 8009 电阻率测试盒测量,样品厚度为 1 mm,施加直流电压 1 kV,极化时间为 600 s,电流通过 Keithley 6517B 微电流计采集。测试环境:湿度 10%,温度 20℃。

在实验前,所有待测试样放置在 70℃ 的真空恒温箱中保存(至少保存 24 h),以确保试样干燥;使用时取出试样,用无水乙醇进行擦拭,并用静电探头进行扫描,以确保材料表面没有残余的初始电荷。

5.1.2 充电电路

本实验采用经典的电晕充电电路对试样表面施加一定量的初始电荷。根据研究目的的不同,采用了两种不同的电极结构。一种是如图 5.1(a)所示的"针-板"电极结构,针电极施加 +10 kV 直流电压,板电极接地,针电极针尖距离试样表面 10 mm,充电时间为 1 min;另一种是如图 5.1(b)所示的"针-网"电极结构,其中金属网电极放置在针电极和被测试样之间,网电极距离针尖 30 mm,距离被测试样表面 5 mm,试样放置在接地的金属板电极之上。针电极施加电压为 ±12.5 kV,网电极施加电压为 ±3 kV,充电时间为 1 min。采用网电极的目的主要是使被测试样的表面电位被钳制在 3 kV,并且使整个表面均匀带电。

5.1.3 研究内容

在预充电结束之后,将试样和地电极一起放置在不同的条件下进行电荷的消散。根据外界环境的不同,本实验的研究内容分以下两种情况:

研究情况 I:考虑与气体中带电粒子中和。

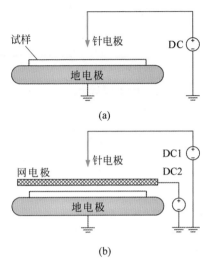

图 5.1　实验采用的两种电极结构示意图

(a)"针-板"电极；(b)"针-网"电极

为了研究气体中带电粒子的浓度和分布对气-固界面电荷消散的影响，分别设计了以下三种实验：

在实验 A1 中，充电后的试样放置在完全开放的气体(空气)空间中，此时，由空间中宇宙辐射产生的自由带电粒子会和积聚在试样表面的初始电荷进行中和，从而影响表面电荷的消散。

在实验 A2 中，充电后的试样放置在接地的密闭金属罩之中(金属罩直径为 120 mm，高度为 200 mm)，此时，由于气体空间有限，气体中参与中和的带电粒子数少于实验 A1。

在实验 A3 中，充电后的试样放置在距离离子风机 50 cm 的正下方，由于离子风机会产生高浓度的正负离子，因此气体中的带电粒子数会远高于实验 A1。

三种实验的布置如图 5.2 所示。在实验 A1 和实验 A2 中，每隔一定时间，将被测试样和地电极一起转移到如图 2.13 所示的电荷测量平台上进行表面电位的扫描测量，被测区域为 70 mm×70 mm 的正方形，采样步长为 0.5 mm，扫描完整个区域共需要 300 s[①]。在实验 A3 中，由于电荷消散速

率较快,为了反映电荷消散的动态过程,静电探头将只沿着试样的直径方向往复扫描。

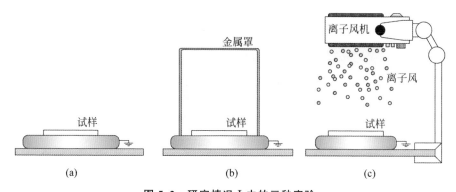

图 5.2　研究情况 I 中的三种实验

(a) 实验 A1；(b) 实验 A2；(c) 实验 A3

研究情况 II：不考虑与气体中的带电粒子中和。在该实验中,静电探头始终静止放置在试样表面,连续采集一点的电位。由第 2 章中的介绍可知,此时有源静电探头的表面与被测试样表面的电位相等,它们之间的场强近似为零。因此,气体中的带电粒子不会沿着电场线迁移到该区域中,最大程度上减少了带电粒子与被测表面处的电荷中和。通过该实验,可以研究材料本身的特性对电荷消散的影响。

5.2　环氧树脂材料表面电荷消散的观测

本节通过测量环氧树脂材料上的表面电荷在情况 I 中的消散情况,探究气-固界面电荷消散的规律和机理。

5.2.1　开放气体空间中的气-固界面电荷消散

在实验 A1 中,测得预充电后的环氧树脂材料表面电荷二维分布随时间的变化情况如图 5.3 所示。相应直径方向的电位分布和电荷分布剖面图如图 5.4 所示。

从图 5.4(a)中可以看出,试样上初始的表面电位分布为"钟"形(电位的幅值由中心向四周递减),电位的极性和所加电晕电压的极性相同；而从图 5.3(a)和图 5.4(b)可以看到,表面电荷密度的实际分布则有所不同,中心积聚同极性的正电荷,其四周还分布了一圈负电荷(该现象可能是由静电

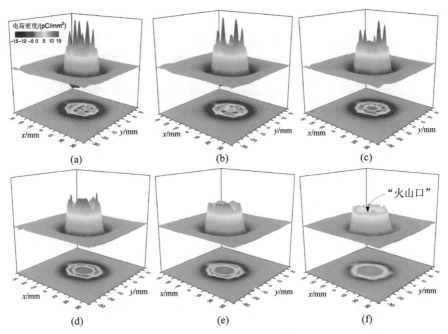

图 5.3　实验 A1 中环氧树脂材料表面电荷分布随时间变化情况

(a) $t=0$ h；(b) $t=1$ h；(c) $t=6$ h；(d) $t=18$ h；(e) $t=27$ h；(f) $t=48$ h

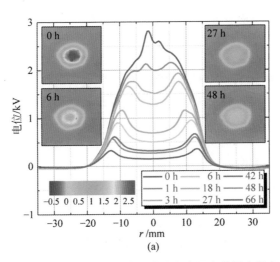

图 5.4　实验 A1 中环氧树脂材料表面电位和表面电荷沿直径方向的分布

（a）表面电位分布；（b）表面电荷分布

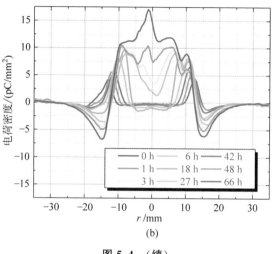

(b)

图 5.4　（续）

力的作用——异号电荷吸引造成,其真实性已在第 3 章中通过粉尘图验证)。
随着时间的推移,这些电荷也并不是整体消散,而是电荷分布中心的消散速
度明显快于四周,使初始的"钟"形分布逐渐变成了"火山口"形。同时还发现,
电荷几乎没有沿切向消散,因为电荷分布的边界在整个消散的过程中几乎没
有改变。从消散的最终结果来看,环氧树脂材料的表面电荷消散过程十分缓
慢,消散 48 h 之后依然可以观测到显著的电荷残留,如图 5.3(f)所示。

5.2.2　有限气体空间中的气-固界面电荷消散

在实验 A2 中,预充电后的环氧树脂试样放置在接地金属罩中,测得其
表面电荷分布随时间的变化情况如图 5.5 所示,相应直径方向的电位分布
和电荷分布如图 5.6 所示。可以看出,和实验 A1 结果不同的是,在长达
88 h 的时间里,表面电位分布的形貌几乎始终保持"钟"形,中心区域的电
荷消散速度并没有明显快于四周,直到消散很长时间之后($t > 66$ h),才逐
渐呈现出"火山口"形的电荷分布。

而且,与实验 A1 相比,实验 A2 中环氧树脂材料表面电荷的消散速率
明显更慢。图 5.7 给出了在这两种情况下试样表面总电荷量随时间变化的
曲线。用指数衰减函数拟合,可以近似得到两种条件下电荷消散的时间常
数,分别为 $\tau_1 = 51.5$ h 和 $\tau_2 = 182.5$ h。

如果在环氧树脂试样的表面人为设置初始的"钟"形电荷分布(初始电
荷的具体分布将在图 5.12 中给出),分别对实验 A1 和实验 A2 中的初始静

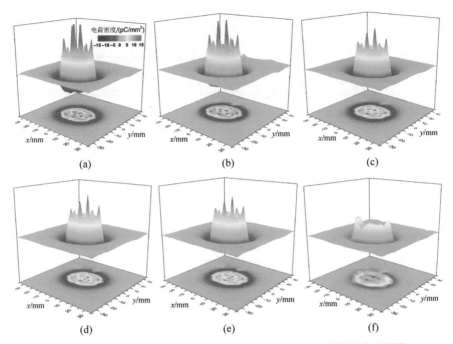

图 5.5 实验 A2 中环氧树脂材料表面电位分布和表面电荷分布剖面图

（a）$t=0$ h；（b）$t=6$ h；（c）$t=27$ h；（d）$t=48$ h；（e）$t=66$ h；（f）$t=88$ h

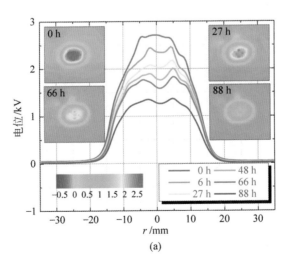

图 5.6 实验 A2 中环氧树脂材料表面电位分布和表面电荷分布剖面图

（a）表面电位分布；（b）表面电荷分布

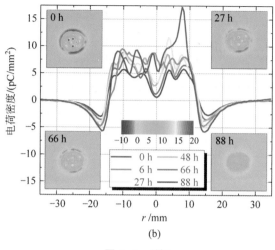

(b)

图 5.6   (续)

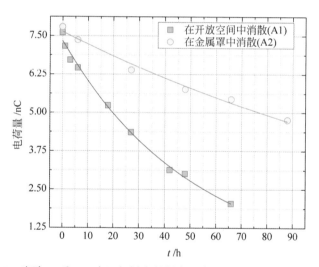

图 5.7   实验 A1 和 A2 中环氧树脂材料表面电荷总量随时间的变化曲线

电场进行仿真计算,可得到如图 5.8 所示的结果。从图中可以看出,实验
A1 中气体侧电场线经过的区域远远大于实验 A2,实验 A2 中的接地金属
罩只改变了气体侧电场的分布,使得金属罩外的带电粒子不能沿着电场线
迁移到带电试样表面。

事实上,接地金属罩对试样内部电场的影响非常小。根据图 5.8 中的
计算结果,画出两种情况下试样表面的法向和切向电场分布如图 5.9 所示,

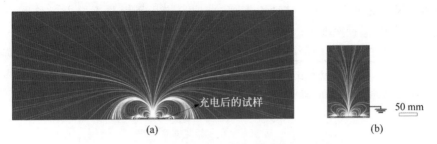

图 5.8　实验 A1 和实验 A2 中带电试样周围电场的分布

（a）实验 1 中空间电场分布；（b）实验 2 中空间电场分布

显然,接地金属罩的引入并没有改变试样表面的法向和切向电场。同时,两个实验中绝缘材料本身的性质也相同,因此,根据两组实验完全不同的结果可以猜测,与气体中带电粒子中和是环氧树脂材料表面电荷消散的主要途径;开放空间中,电荷分布逐渐由"钟"形发展为"火山口"形,是由电荷中心的电场强度大于四周,使得气体中更多的异号带电粒子迁移至试样中心,与中心处的表面电荷进行中和所导致的。

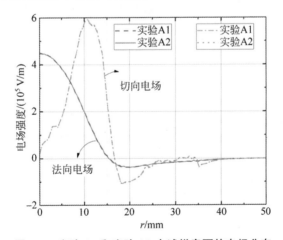

图 5.9　实验 A1 和实验 A2 中试样表面的电场分布

5.2.3　离子风中的气-固界面电荷消散

为了验证上述猜想,在实验 A3 中采用离子风机在气体空间中人为制造大量正负带电粒子,测量环氧树脂试样表面电位动态变化结果如图 5.10所示。其中,图 5.10(a)显示的是对照组的测量结果,对照组中仅仅打开了离子风机的风扇而并不接通电离源,此时只产生风而并不产生正负离子。可以看出,这种情况下电荷在 600 s 内并没有明显的消散。图 5.10(b)显示的是有离子风存在的情况下,试样表面电位随时间动态发展的过程。如预期的一样,电位的分布由初始的"钟"形逐渐发展成为"火山口"形,说明与气体中带电粒子中和的确是环氧树脂材料表面电荷消散的主要途径。

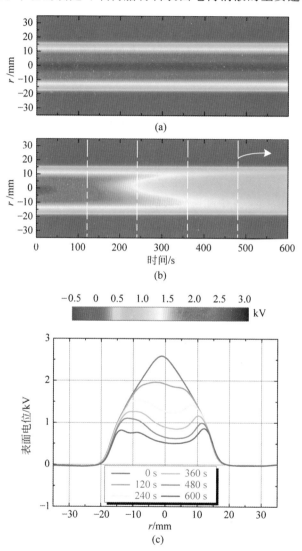

图 5.10　实验 A3 中环氧树脂材料表面电位随时间动态变化情况

(a) 对照组;(b)"离子风"作用下;(c) 图(b)中的电位分布

上述三个实验系统地证明：在气体氛围中的环氧树脂材料，其表面上积聚的电荷主要是通过与气体中带电粒子中和而消散。消散过程中，由于电荷积聚较多的区域场强较大，电场线更集中，迁移至此的正负离子更多，因此试样表面上的电荷消散也越快，最后会逐渐形成"火山口"形的电荷分布。

我们将在 5.3 节中对上述气-固界面电荷消散的动力学过程建立物理模型，深入研究三种不同的电荷消散途径对整体电荷消散的贡献。

5.3　气-固界面电荷消散的动力学过程建模

如本章开头所述，气-固界面电荷消散的途径共有三个，即通过材料的体电导消散，通过材料的面电导消散，以及与气体中离子中和消散。图 5.11 给出了一固体微元上的表面电荷以这三种途径消散的示意图。

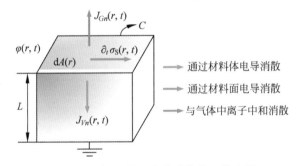

图 5.11　气-固界面电荷消散的三种途径

根据该模型，位置 r 处的表面电荷密度 $\sigma(r,t)$ 随时间的变化可以表示如下：

$$\partial_t \sigma(r,t) = J_{Vn}(r,t) + J_{Gn}(r,t) + \partial_t \sigma_S(r,t) \tag{5-1}$$

同时，被测固体表面的总电荷量 $Q(t)$ 可以通过下式计算：

$$Q(t) = \int_A |\sigma(r,t)| \, dA(r) \tag{5-2}$$

式中，固体的体电流、固体表面的面电流和气体中的离子流对气-固界面电荷变化的贡献分别表示为 $J_V(r,t)$，$\partial_t \sigma_S(r,t)$ 和 $J_G(r,t)$。下面分别对这三部分进行介绍。

1) 固体的体电流

如果假设固体绝缘材料中不存在空间电荷的效应，而且绝缘材料的电

导与电场强度无关,那么固体中的体电流 $J_V(r,t)$ 由传导电流和位移电流两部分组成:

$$J_V(r,t) = \frac{E}{\rho_V} + \frac{\partial D}{\partial t} = \frac{\varphi(r,t)}{L} \frac{1}{\rho_V} + \frac{\varepsilon}{L} \frac{\partial \varphi(r,t)}{\partial t} \tag{5-3}$$

式中,E 为电场强度;D 为电位移矢量;ρ_V 和 ε 分别为绝缘材料的体积电阻率和介电常数;L 为绝缘材料的厚度;$\varphi(r,t)$ 为绝缘材料表面的电势。

2)固体表面的面电流

根据面电流的定义,面电流密度 $J_S(r,t)$ 可以表示为

$$J_S(r,t) = \frac{E_\tau(r,t)}{\rho_S} \tag{5-4}$$

式中,E_τ 是气-固界面处电场强度的切向分量;ρ_S 是绝缘材料的表面电阻率。这里,面电流密度的量纲为 Am^{-1}。所以,如图 5.11 所示,位置 r 处的面电流元 $J_S(r,t)$ 对面积为 dA 的微元上的面电荷衰减 $\partial_t \sigma_S(r,t)$ 的贡献是其沿着微元边界 C 的积分。因此,$\partial_t \sigma_S(r,t)$ 可以表示为

$$\partial_t \sigma_S(r,t) = \frac{e_A}{dA} \int_C J_S(r,t) \times dl = \text{div}(J_S(r,t)) \tag{5-5}$$

由高斯公式可知,$\partial_t \sigma_S(r,t)$ 也可表示成上式右侧的面电流密度 $J_S(r,t)$ 的散度形式。

3)气体中的离子流

在第 4 章中就讲过,自然或特定环境中的大气因宇宙辐射、气象放电、紫外线照射等外界因素的作用可以使空气分子发生电离,使大气中含有相当量的正负离子。这些正负离子在电场作用下会沿着电场线迁移,形成离子电流。式(4-3)和式(4-4)采用粒子输运方程对正负离子浓度的动态变化进行了描述:

$$\partial_t n^\pm = n_{IP} - Rn^+ n^- \mp \text{div}(n^\pm \cdot \mu^\pm \cdot E) + D^\pm \nabla^2 n^\pm \tag{5-6}$$

式中,各参数的含义与第 4 章中完全相同,取值同表 4.1。相应的气体中的电流密度可由下式计算:

$$J_G(r,t) = \partial_t D + e(\mu^+ n^+ + \mu^- n^-) \cdot E - e\nabla(D^+ n^+ - D^- n^-) \tag{5-7}$$

根据实验中采用的材料属性和尺寸建立模型,根据实验中的测量结果,在试样表面人为设置"钟"形分布的初始电荷,初始电荷的形貌和初始的电场分布如图 5.12 所示。接着,将上述物理过程在有限元数值仿真软件 COMSOL Multiphysics^{TM} 中耦合求解计算。

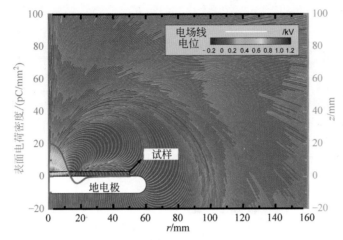

图 5.12　仿真模型中设置的初始表面电荷分布和相应的初始电场分布

5.4　数值计算结果与实验结果的对比

数值计算的优势之一在于,既可以对不同的消散途径分别进行针对性的研究,分析各自的特点,也可以分析三种消散途径共同作用时,对整体电荷消散的贡献。本节将通过数值计算分别研究不同消散机理所主导的表面电荷消散现象,并与实验结果做对比,总结出气-固界面电荷消散的一般规律。

5.4.1　体电导主导的气-固界面电荷消散

图 5.13 给出了环氧树脂材料的表面电荷只通过体电导消散时的仿真结果。可以看出,试样上的表面电荷如果只通过固体材料的体电导消散,则电荷的分布形貌始终保持不变,各处的消散速率保持一致,这和图 5.4 中实测的结果不同。

另外,图 5.13 中也画出了总电荷量随时间变化的情况,根据指数衰减函数拟合可以得出其消散的时间常数为 215 h,远大于实验 A1 中实测的时间常数 51.5 h,也大于实验 A2 中实测的时间常数 182.5 h。所以,通过固体的体电导消散并不是环氧树脂材料表面电荷消散的主要途径。

然而,对于体电阻率较小的材料,其表面电荷是否主要通过体电导消散呢?为此,选择体电阻率较小的硅橡胶材料,在相同的条件下重复实验 A1,测得表面电荷分布随时间变化的情况如图 5.14 所示。可以看出,硅橡胶材

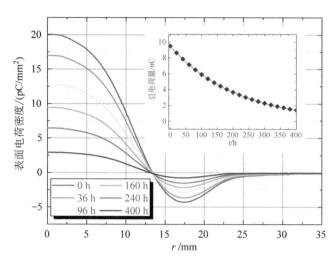

图 5.13　仅通过体电导消散时环氧树脂材料表面电荷分布随时间变化情况

料的表面电荷在消散过程中始终保持"钟"形,各处消散速率一致,这与图 5.13 中的仿真结果相似。在仿真模型中将三种消散机理同时耦合,计算出硅橡胶材料表面电荷消散的分布图,如图中灰色点线所示,仿真结果与实验结果的趋势十分吻合。

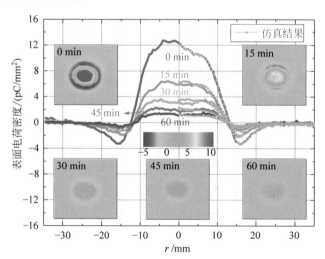

图 5.14　硅橡胶材料表面电荷随时间变化情况和仿真结果对比

根据仿真模型,可以分别提取出每种途径对总体电荷消散的贡献,如图 5.15 所示。计算结果表明,经过 60 min,硅橡胶材料的表面电荷共消散

5.3 nC,其中通过体电导消散 3.6 nC,通过面电导消散 0.9 nC,通过与气体中的离子中和消散 0.8 nC。可见,体电阻率较小的材料,如硅橡胶,其表面电荷的确主要通过体电导消散。

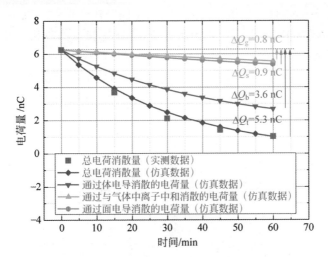

图 5.15　硅橡胶材料表面电荷通过不同途径消散情况

5.4.2　气体离子中和主导的气-固界面电荷消散

为了验证与气体中离子中和是环氧树脂材料表面电荷消散的主要途径,在仿真模型中仅考虑式(5-7)对表面电荷消散的贡献,计算电荷消散过程如图 5.16 所示。可以看出,仿真结果和图 5.4 中实测的结果类似,表面

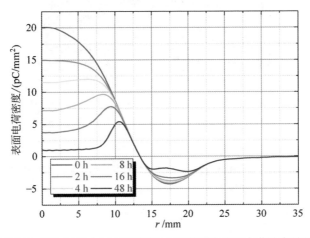

图 5.16　仅通过与气体中离子中和消散时环氧树脂材料表面电荷分布随时间变化情况

电荷由初始的"钟"形分布逐渐变成了"火山口"形分布,中间区域的消散速度远大于四周。正如前文所述,这是由于电荷分布的中心区域电场线更集中,迁移至此的异号粒子更多。

由式(5-6)求得的初始正负离子浓度空间分布如图5.17所示。由于在材料表面设置的初始电荷中心为正电荷,气体空间中的负离子在静电场的作用下向材料中心迁移,而正离子向远离材料表面的方向迁移。因此,可以从图中看出,材料中心处的负离子浓度最大,这些负离子和材料表面的正电荷中和,使试样中心的电荷消散速度远大于四周,从而形成"火山口"形的电荷分布。

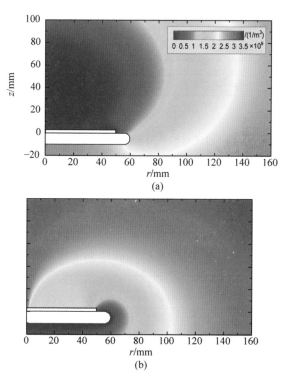

图 5.17　初始条件下气体空间中正负离子浓度分布图
(a) 正离子浓度;(b) 负离子浓度

实际上,不仅是环氧树脂材料,比环氧树脂电阻率更大的聚四氟乙烯(PTFE)材料也会出现相似的实验结果。在相同的实验条件下,在 PTFE 试样上重复实验 A1,得到如图 5.18 所示的实验结果。可以看出,PTFE 试样中心的表面电荷消散速度也是显著大于四周,最终逐渐呈现出"火山口"形的分布,这证明了与气体中的离子中和是其电荷消散的主要途径。文献[126]表明,对于高电阻的氟化乙丙烯材料,与气体中的离子中和是其表面电荷消散的主要途径。图 5.19 给出了耦合了三种消散机理的仿真结果与实验结果的对比,其变化趋势与实验结果比较吻合。

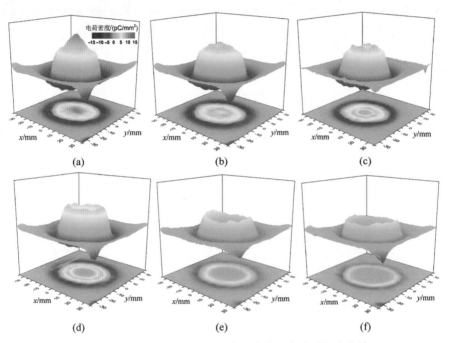

图 5.18　实验 A1 中 PTFE 材料表面电荷分布随时间变化情况
(a) $t = 0$ h;(b) $t = 1$ h;(c) $t = 2$ h;(d) $t = 4$ h;(e) $t = 16$ h;(f) $t = 32$ h

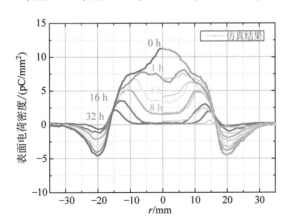

图 5.19　PTFE 材料表面电荷随时间变化情况和仿真结果对比

5.4.3　面电导主导的气-固界面电荷消散

　　仿真模型中仅考虑式(5-5)的贡献,得出了仅通过面电导消散的气-固界面电荷分布变化过程如图5.20所示。可以看出,环氧树脂试样中心分布的正电荷在切向电场作用下,沿表面消散,电荷的分布区域向周围稍有扩大。由于在以上所有实验中,测量得到的电荷分布并没有出现明显的切向扩散现象,所以,通过面电导消散并不是环氧树脂材料表面电荷消散的主要途径。

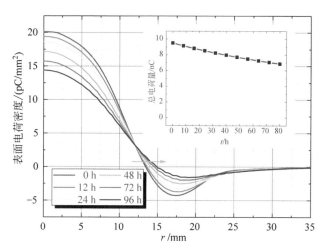

图 5.20　仅通过面电导消散时环氧树脂材料表面电荷分布随时间变化情况

　　这主要是因为未经特殊处理的环氧树脂材料在干燥气体中的表面电导很小,对电荷消散的作用有限。如果人为增大环氧树脂材料的面电导,上述现象就会表现出来。例如,对环氧树脂材料进行氟化处理(具体方法将在第6章中介绍),使其表面电导率增大三个数量级。此时,在开放空间中测量其表面电荷(电位)随时间的动态变化情况,可以得到如图5.21所示的结果。可以看出,处理后的环氧树脂材料表面电荷(电位)的消散速率显著加快,且出现了明显向四周扩散的趋势,说明此时材料的面电导在电荷消散过程中起到了主导的作用。

　　综上所述,结合仿真和实验结果可以发现,对于环氧树脂、聚四氟乙烯等体积电导率小于 10^{-15} S/m 的材料,表面电荷主要通过与气体中离子中和消散,电荷密度越大的区域电场越集中,消散速率越快;对于硅橡胶等体积电导率大于 10^{-14} S/m 的材料,其表面电荷主要通过体电导消散,各处消

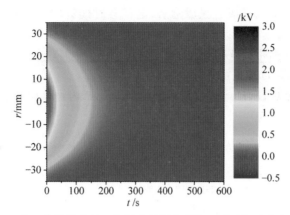

图 5.21　表面电导增大的环氧树脂材料表面电位随时间动态变化情况

散速率基本一致；未经特殊处理的绝缘材料，表面电导较小，对消散的作用有限；人为提高材料的表面电导，可以促进电荷沿表面向四周扩散。

5.5　材料的本征电荷消散与表面陷阱能级

本节排除气体氛围的影响（研究情况Ⅱ），仅研究绝缘材料本身的特性对电荷消散的影响，即材料的本征电荷消散。在过去的几十年中，研究者们提出了多个用于解释材料本征电荷消散的模型，包括前文建模中采用的电导模型，以及偶极弛豫模型（dipolar relaxation）、弥散输运模型（dispersive transport）和入陷-脱陷模型（trapping and detrapping）等[134]。在环氧树脂等聚合物的内部，有许多物理（结构）缺陷和化学缺陷，这些缺陷成为材料中的电荷陷阱（电子空穴陷阱）[135-136]。如果材料中载流子的输运时间低于其平均脱陷时间，特别是在电场强度较高时，载流子的入陷和脱陷现象往往决定了材料的本征电荷消散特性[134,137]。因此，本节将根据 J. G. Simmson 提出的等温电流衰减理论（isothermal current decay，ICD），通过测量材料的本征电位衰减，获取材料表面陷阱能级的相关参数，这些陷阱参数有助于理解材料的本征电荷消散特性，指导我们提出有效的材料性能调控方案。

5.5.1　等温电流衰减理论

20 世纪 70 年代，J. G. Simmons 等人基于对固体电介质材料中载流子的入陷和脱陷现象的深入研究，提出了 ICD 理论[138-139]。该理论满足以下假设[135,140]：①电介质经光激励后，电子会占据费米能级 E_F 以上的陷阱能级，空穴会占据 E_F 以下的陷阱能级；②撤掉光激励后，若施加足够大的电场可以使被陷阱捕获的载流子又重新脱陷。下面以电子的入陷和脱陷现象为例，阐明 ICD 理论的具体内容。

根据上述假设，E_F 以上（禁带上半部分）dE 内被陷阱捕获的电子向导带的发射率 $\Delta n'_t$ 为

$$\Delta n'_t = f_0(E_T)N(E_T)e_n \exp\left(-\int_0^t e_n \, dt\right) dE \tag{5-8}$$

式中，$f_0(E_T)$ 为电子陷阱的初始占有率；$N(E_T)$ 为陷阱的能量分布函数；e_n 为陷阱电子在单位时间内的发射概率。

e_n 和 $f_0(E_T)$ 可以分别表示为

$$e_n = \gamma_{ATE} \exp\left[(E - E_C)/k_B T\right] \tag{5-9}$$

$$f_0 = \frac{\nu \sigma_n n_n}{\nu \sigma_n n_n + \nu \sigma_p n_p} \tag{5-10}$$

式中，γ_{ATE} 为电子试图从陷阱中逃逸的频率（attempt-to-escape Frequency）；k_B 为玻尔兹曼常数；T 为绝对温度；E_C 导带底的能量；ν 为自由电子的运动速率；σ_n 为电子的俘获截面；σ_p 为空穴的俘获截面；n_n 为稳态下自由电子的密度；n_p 为稳态下自由空穴的密度。

在 (E_F, E_C) 对 $\Delta n'_t$ 积分，可以得到：

$$n'_t = \int_{E_i}^{E_C} f_0(E_T)N(E_T)e_n \exp\left(-\int_0^t e_n \, dt\right) dE \tag{5-11}$$

为了简化表达式，引入权重函数 $G_n(E,t)$：

$$G_n(E,t) = e_n \exp(-e_n t) \tag{5-12}$$

用于表示任意时刻脱陷电子对外电流的贡献权重。

将权重函数 G_n 关于能量 E 绘图，可以得到一条不对称的"钟"形曲线，半高宽为 $3k_B T$，在 $E_t = E_m$ 处取得最大值。假设 $E_C = 4$ eV，$\gamma_{ATE} = 10^{11}$ s^{-1}，绘制不同温度下，G_n 随时间在 (E_V, E_C) 区间内的变化曲线，如图 5.22 所示。可以看出，随着时间的增加，G_n-E 曲线的中心从导带底逐渐向价带顶移动（从高能级向低能级移动），这说明处于低陷阱能级的电子先脱陷，而处于高陷阱能级的电子后脱陷。另外，随着温度的升高，不同衰减时间对应的能量间隔变长，表示实验中的等温温度越高，陷阱能级的分辨率也越高。

E_m 可以通过 $G_n(E,t)$ 对 E 求导求得：

$$\left.\frac{\partial G_n(E,t)}{\partial E}\right|_{E=E_m} = 0 \tag{5-13}$$

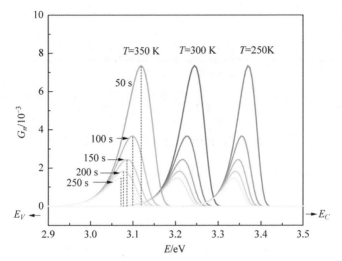

图 5.22　不同温度下 $G_n(E,t)$ 随时间变化曲线

通过求解上式,可以得到电子的陷阱能级 E_T:

$$E_T = E_C - E_m = k_B T \ln(\gamma_{ATE} t) \tag{5-14}$$

根据 Simmons 的理论,构造 $\delta(E-E_m)$,简化权重函数为:$G_n(E,t)=(k_B T/t)\delta(E-E_m)$,将其代入式(5-11),可以得到电子从禁带上半部分发射到导带的总数:

$$n'_t = f_0 N(E_T) \frac{k_B T}{t} \tag{5-15}$$

上述分析都是基于电子陷阱,对于空穴也可以进行类似的分析,不同的是空穴陷阱分布在禁带的下半部分,空穴陷阱的能级对应的是其与价带顶之间的能量差。接下来,分析电子(空穴)的脱陷过程和材料本征电荷消散之间的关系。

5.5.2　陷阱密度与表面电位衰减

在研究情况 II 中,试样被"针-网"电极充电后,在其表面会均匀地分布电荷。根据 G. Chen 等提出的"双注入"(double injection)模型[141],在单极性电晕充电之后,在试样中会呈现如图 5.23 所示的电荷分布。其中,与电晕电压极性相同的电荷分布在试样的上表面,注入深度为 $1\sim2~\mu m$,而在紧贴地电极的试样下表面,注入与所加电晕电压极性相反的异号电荷。

假设电荷在距离表面 δ 内均匀分布,正、负电荷的密度分别为 ρ_+ 和

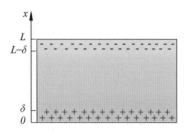

图 5.23　负极性电晕充电后的试样中的电荷分布

ρ_-，其大小近似相等，记为 ρ，中心区域的电荷密度很小，可以忽略不计。因此，试样表面的电位可以表示为

$$\varphi_s = \frac{1}{\varepsilon_0 \varepsilon_r}\left(\int_0^\delta x\rho_+ \, \mathrm{d}x + \int_{L-\delta}^L x\rho_- \, \mathrm{d}x\right) \tag{5-16}$$

求解上述积分，得到表面电位的表达式：

$$\varphi_s = \frac{L\delta\rho}{\varepsilon_0 \varepsilon_r} \tag{5-17}$$

载流子从陷阱中脱陷形成电流，外部表现为表面电位随时间的衰减。它们之间的关系可以表示为

$$\frac{\mathrm{d}\varphi_s}{\mathrm{d}t} = \frac{L\delta}{\varepsilon_0 \varepsilon_r}\frac{\mathrm{d}\rho}{\mathrm{d}t} = \frac{L\delta}{\varepsilon_0 \varepsilon_r}q_e n_t' \tag{5-18}$$

因此，结合式(5-15)和式(5-18)，电子(或空穴)陷阱的密度 $N(E_T)$ 可以通过表面电位衰减曲线求得：

$$N(E_T) = \frac{\varepsilon_0 \varepsilon_r t}{q_e f_0 k_B T\delta L}\frac{\mathrm{d}\varphi_s}{\mathrm{d}t} \tag{5-19}$$

式中，ε_0 是真空的介电常数；ε_r 是试样的相对介电常数；q_e 是单位电荷；L 是试样的厚度。f_0 为电子(或空穴)陷阱的初始占有率，由式(5-10)决定。由于 f_0 很难通过实验测得，这里为了简化计算，假设 $f_0 \approx 1$，即认为陷阱的初始占有率为百分之百，那么陷阱的密度也就是入陷电荷的密度[142]。

5.5.3　表面电位衰减测量和表面陷阱能级计算

在研究情况Ⅱ中，分别对环氧树脂、硅橡胶和聚四氟乙烯三种试样进行电晕充电(正电晕或负电晕)，测量其本征电位衰减曲线，结果如图 5.24 所示。其中，电位衰减曲线均为归一化的结果。可以看出，硅橡胶材料的表面电位衰减最快，聚四氟乙烯材料的表面电位衰减得最慢，在 10 000 s 内几乎没有明显的衰减，环氧树脂材料的表面电位衰减稍快于聚四氟乙烯。

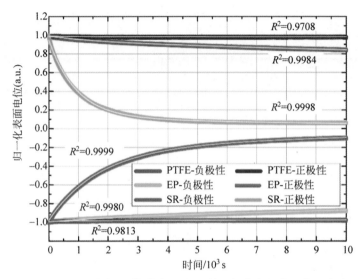

图 5.24   环氧树脂、硅橡胶、聚四氟乙烯材料的本征表面电位衰减

考虑到脱陷载流子所处陷阱能级的不同,为了更好地理解载流子的脱陷行为,人为地把陷阱分为深陷阱和浅陷阱两种类型。两种陷阱中的载流子脱陷对应于材料表面电位衰减的不同过程[143],因此,可以用双指数函数对测量得到的电位衰减曲线进行拟合[141]:

$$\varphi_s(t) = a_1 \exp(-b_1 t) + a_2 \exp(-b_2 t) \tag{5-20}$$

式中,a_1,b_1,a_2,b_2 为拟合参数。

图 5.24 中的黄色细线即采用上式对实验曲线进行拟合的结果,可以看到二者非常契合,说明了上述描述的合理性。将拟合后的曲线数据代入式(5-20),再结合式(5-14),可以分别计算出三种材料的电子和空穴陷阱能级的分布(负极性电位衰减曲线对应电子陷阱,正极性电位衰减曲线对应空穴陷阱),如图 5.25 所示。

可以看出,三种聚合物材料的陷阱能级分布有着较大的差异。在硅橡胶材料中,电子和空穴陷阱的能级大多低于 1 eV,陷阱密度的峰值在 0.9 eV 左右,浅陷阱密度显著大于深陷阱密度。如前文所述,处于浅陷阱中的载流子会先脱陷,而处于深陷阱中的载流子后脱陷。因此,硅橡胶材料的表面电荷在初期会迅速消散,而随后的消散过程变得十分缓慢。相反,在环氧树脂材料中,深陷阱密度远大于浅陷阱,陷阱密度的峰值在 1.02 eV 左右。而在聚四氟乙烯材料中,电子陷阱密度的峰值在 1.07 eV 左右,空穴陷阱密度的峰

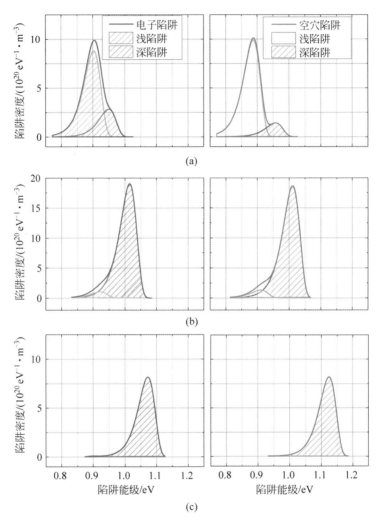

图 5.25　环氧树脂、硅橡胶、聚四氟乙烯材料的电子和空穴陷阱能级分布
(a) SR；(b) EP；(c) PTFE

值在 1.12 eV 左右,几乎全是深陷阱,没有浅陷阱分布,这导致载流子一旦进入陷阱就很难脱陷,因此聚四氟乙烯材料的表面电荷消散是最慢的。根据三种材料不同的化学组成和物理结构可以对其电子和空穴陷阱的分布特征进行解释,由于这不是本书关注的重点,在此不予讨论。

通过对比三种材料的陷阱能级分布可以看出,要加快环氧树脂材料的表面电荷消散,需要通过改变材料表层的化学组成或物理结构,在其表面引入大量浅陷阱,使载流子的脱陷变得容易。这为第 6 章中设计材料表面改性方案提供了参考依据。

5.6　本 章 小 结

在本章中,通过设计对比实验,以静电探头和电荷反演计算为手段,观测了环氧树脂材料在不同情况下的表面电荷消散过程,并通过构建物理模型,分别考察了体电导消散、面电导消散、与气体中离子中和消散这三种不同消散机理主导下的气-固界面电荷消散现象,系统揭示了气-固界面电荷的消散特性和动力学过程。测量了三种不同聚合物材料的本征表面电位衰减曲线,根据等温电流衰减模型,计算得到了它们的电子和空穴陷阱能级分布,有助于理解材料的本征电荷消散特性,进而对材料表面改性方案提供参考依据。本章得到的结论小结如下:

(1) 实验表明,处在气体氛围中的环氧树脂材料,其表面上积聚的电荷主要是通过与气体中离子中和消散,消散过程与气体中电场的分布有关。由于电荷积聚较多的区域场强较大,电场线更集中,迁移至此的异号带电粒子更多,从而此处的表面电荷消散也越快,最后会逐渐形成"火山口"形的电荷分布。

(2) 实验测量和模型仿真结果表明,对于环氧树脂、聚四氟乙烯等体积电导率小于 10^{-15} S/m 的材料,其表面电荷主要通过与气体中离子中和消散,电荷密度越大的区域电场越集中,消散速率越快;对于硅橡胶等体积电导率大于 10^{-14} S/m 的材料,其表面电荷主要通过体电导消散,各处消散速率基本一致;未经特殊处理的绝缘材料,表面电导较小,对消散的作用有限;人为提高材料的表面电导,可以促进电荷沿表面向四周扩散。

(3) 陷阱能级分布的计算结果表明,环氧树脂材料和聚四氟乙烯材料的陷阱能级比硅橡胶材料要高得多,所以它们的本征电荷消散非常缓慢。想要加快环氧树脂材料的表面电荷消散,需要改变材料表层的化学组成或物理结构,在其表面引入大量浅陷阱,使载流子的脱陷变得容易。

第6章 抑制表面电荷积聚的环氧复合材料改性探究

通过前文对气-固界面电荷积聚和消散机理的分析,发现减小绝缘子的体积电导率,从而减小绝缘子体电流,可以缩小气-固界面处固体侧和气体侧电流间的差距,减小电荷积聚"基本模式"的大小;此外,在一定范围内增大绝缘子表面电导率,可以起到疏散表面电荷的作用,使表面电荷积聚变得均匀。从这两个角度出发,本章将从绝缘材料本体和表面改性两个方面提出抑制表面电荷积聚的方法。

6.1 环氧树脂材料本体改性的研究

6.1.1 Al_2O_3 纳米颗粒掺杂

1)原材料

本实验选用的气相法 α-Al_2O_3 纳米颗粒由德国赢创德固赛公司(Evonik Degussa Industries)提供。采用十六烷基三甲氧基硅烷对 Al_2O_3 纳米颗粒进行表面修饰。环氧树脂和固化剂详见 2.2.1 节所述,绝缘子的浇注工艺流程与图 2.6 相同。样品中 Al_2O_3 纳米颗粒的质量分数分别为 0,1%,3% 和 5%。

2)纳米颗粒在环氧树脂中的分散

分别采用扫描电子显微镜(scanning electron microscope,SEM,Hitachi S4800)和透射电子显微镜(transmission electron microscope,TEM,Hitachi HT7700)观察纳米 Al_2O_3-环氧复合材料中填料的分散情况,如图 6.1 所示。

Al_2O_3 纳米颗粒团聚体在 SEM 照片中显示为白色,在 TEM 照片中显示为黑色。其本身的形态为葡萄串状,每个 Al_2O_3 纳米颗粒的平均粒径约为 30 nm,非常均匀地分散于环氧树脂基体中。随着颗粒含量的增加,单位体积内纳米颗粒的数目越来越多,当含量高于 3% 时,开始出现一些较大的团聚体,颗粒间的距离也越来越近,但还是保持着良好的分散状态。

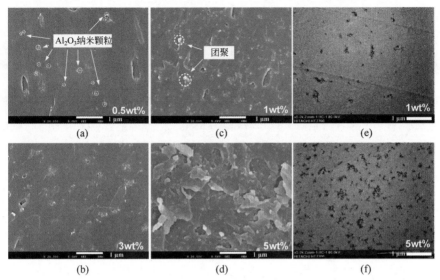

图 6.1   不同含量的 Al₂O₃ 纳米颗粒在环氧树脂中的 SEM 照片和 TEM 照片
(a)～(d) SEM 照片；(e) 和 (f) TEM 照片

3）纳米颗粒对环氧树脂介电性能的影响

为了研究 Al_2O_3 纳米颗粒对环氧树脂介电性能的影响，采用时域介电谱仪（TDDS，Imass Inc.）测量了样品的复介电常数在不同温度下随频率的变化情况。样品厚度为 $400~\mu m$，所加电压为 $10~V$，频率为 $10^{-3}\sim10^4~Hz$，温度为 $25\sim160℃$。图 6.2 所示为不同质量分数的纳米复合材料相对介电

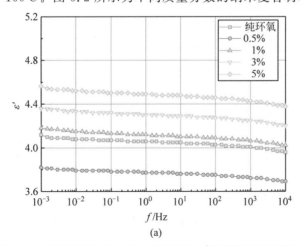

图 6.2   不同样品的相对介电常数实部 ε' 随频率的变化情况
(a) $T=25℃$；(b) $T=60℃$；(c) $T=120℃$；(d) $T=140℃$

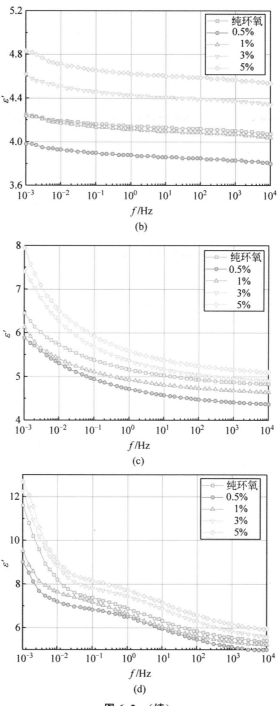

图 6.2 （续）

常数实部 ε' 随频率的变化情况。

根据李赫田纳科-罗瑟方程(Lichtenecker-Rother equation),在环氧树脂中加入比其介电常数大得多的 Al_2O_3 颗粒,复合材料的介电常数会增大。然而,在图 6.2 中可以看到,加入 0.5%(质量分数,下同)的纳米 Al_2O_3 颗粒会使复合材料的介电常数显著下降。随着纳米颗粒质量分数的增大,介电常数逐渐增大。事实上,在其他纳米颗粒(如 TiO_2,SiO_2 和 ZnO)掺杂的环氧树脂复合材料中也发现了类似的现象[144-146]。ε' 的减小表明复合材料基体中的偶极极化受到了限制。实验和分子动力学模拟的结果均已表明,纳米颗粒的小尺寸效应会促进环氧分子链的缠绕[147-148],从而阻碍其极化取向运动,减弱极化效应。然而,随着纳米 Al_2O_3 颗粒含量的逐渐增大,Al_2O_3 颗粒自身较大的介电常数又会使复合材料的介电常数升高。

纳米复合材料介电常数的虚部 ε'' 随频率变化的情况如图 6.3(a)～(e)所示。ε'' 代表着材料在交变电场下的介电损耗,它主要来源于两个方面,一是电导引起的损耗,二是由松弛极化产生的损耗。极化损耗主要是聚合物材料内部的各种转向极化跟不上外电场频率的变化导致的。在低频区,环氧树脂基体中的偶极子可以跟上电场频率的变化,因而极化引起的损耗很小。所以,在低频区 ε'' 主要与电导相关,可由如下公式表示[149]:

$$\varepsilon'' = \sigma/2\pi\varepsilon_0 f \tag{6-1}$$

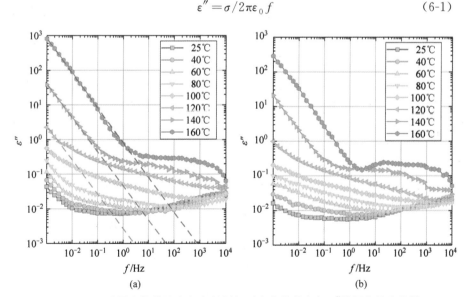

图 6.3　不同质量分数的纳米复合材料相对介电常数虚部 ε'' 随频率的变化情况

(a) 纯环氧;(b) 0.5%;(c) 1%;(d) 3%;(e) 5%;(f) 电导率随温度倒数的变化情况

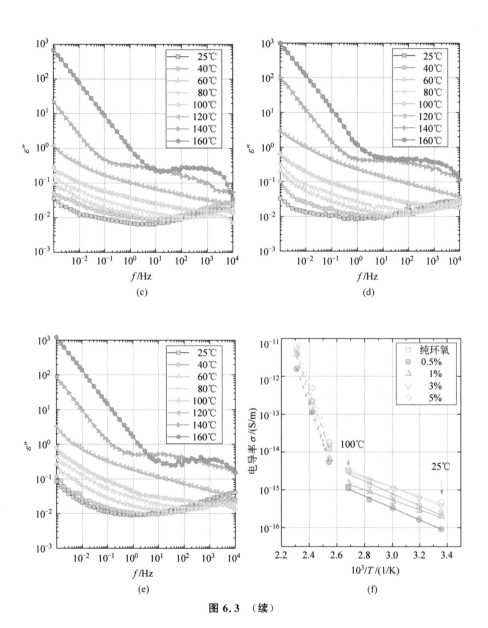

图 6.3 （续）

式中，σ 是材料的体积电导率，ε_0 是真空中的介电常数，f 是频率。从图 6.3 中可以看出，在低频区域（$f < 0.1$ Hz），双对数坐标下的 ε''-f 曲线斜率约为 -1，符合式（6-1）。图 6.3(f) 所示为根据上述关系得到的各样品的电导率随温度倒数的变化情况，其中直线拟合符合阿仑尼乌兹公式，即式（4-15）。可以看到，在所有测试温度下，Al_2O_3 质量分数为 0.5% 和 1% 的纳米复合材料电导率要低于纯环氧树脂材料，而质量分数为 3% 和 5% 的纳米复合材料电导率比纯环氧树脂要高。

　　根据上述方法得到的是样品在低电场强度下的体积电导率。我们采用三电极法，对材料在 15 kV/mm 下的电导率也进行了测量。三电极法的测量电路如图 6.4(a) 所示，其中高压电极、主电极和环电极的直径分别为 25 mm，20mm 和 22 mm。电导电流通过 Keithley 6514 微电流计采集，极化时间为 300 s。室温下测得的五种试样的电导率随极化时间变化的情况如图 6.4(b) 所示。

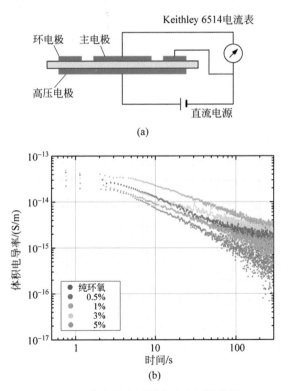

图 6.4　体电导率测量电路和测量结果

可以看出,纳米 Al_2O_3 质量分数为 0.5％的纳米复合材料电导率最低,随着纳米 Al_2O_3 质量分数的增大,电导率逐渐增大;当质量分数超过 3％时,纳米复合材料的电导率会大于纯环氧树脂的电导率。该趋势和由介电谱中估算出的电导率随质量分数变化的趋势一致。添加少量的纳米颗粒可以减小环氧树脂材料的电导率,这一作用主要是由于在纳米粒子的表面存在与聚合物体系相互作用的界面,这个界面区域由纳米颗粒表面和聚合物分子链之间的化学成键形成[150]。当纳米粒子呈单颗粒分散时,载流子会被限制在界面区中,导致载流子能量和数量的下降,进而使材料的体积电导率下降;而当纳米颗粒的浓度上升到一定程度时,各颗粒外的界面区相互重叠,导致整个界面区厚度扩大,当超过渗流阈值时,载流子活动能力与浓度急剧增加,形成局部导电通路,又使材料的电导率增大[150]。关于界面区对电导率的影响将在本节第 5)部分详细讨论。

4)纳米颗粒对环氧树脂空间电荷注入的影响

绝缘材料在直流高电压下服役时,电荷会从电极向材料中迁移,即空间电荷的注入,并且随着时间的延长,空间电荷注入增多,进而会影响材料内部的电场分布,造成局部电场畸变,加速材料老化。测量材料空间电荷的注入水平也是评估直流绝缘材料性能的重要方面。本实验采用电声脉冲法测量样品的空间电荷,样品厚度为 $400~\mu m$,电场强度为 $50~kV/mm$,加压 120 min。图 6.5 所示为实验测得的不同样品的空间电荷分布情况。可以看出,在纯环氧树脂材料中,大量的同号电荷从两个电极注入样品中,尤其以阴极注入为主,并且随着时间的增加注入深度不断增大,使样品内部电场发生了畸变,如图 6.5(b)所示。加入 0.5％和 1％的纳米 Al_2O_3 颗粒之后,空间电荷的注入明显减少。而当加入的纳米 Al_2O_3 颗粒质量分数大于 3％时,对空间电荷注入的抑制效果变得不再显著。

如前文所述,当纳米颗粒的浓度较小时,纳米颗粒周围的界面区会限制载流子的运动,当载流子从电极注入时,它们会被界面区的深陷阱捕获。这些被捕获的同号电荷会形成电荷注入的阻挡层,消弱电极和介质交界处的等效电场,抑制电荷的进一步注入,使介质内部空间电荷积聚量减少。

5)深陷阱对电导的调制作用

从上述实验结果可以看出,加入较低浓度的纳米 Al_2O_3 颗粒对降低环氧树脂材料电导率、抑制空间电荷注入起到了积极的作用。这些作用都与纳米颗粒和环氧树脂基体之间的界面相关。根据 T. Tanaka 提出的聚合物

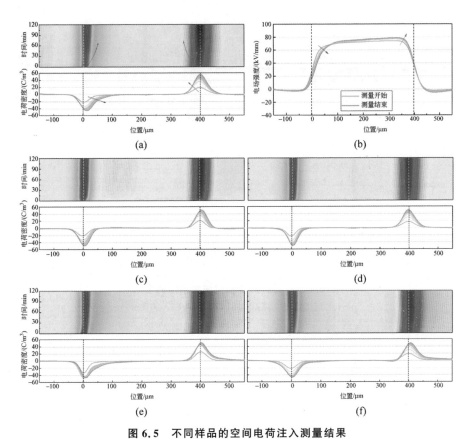

图 6.5　不同样品的空间电荷注入测量结果

(a) 纯环氧；(b) 电场分布；(c) 0.5%；(d) 1%；(e) 3%；(f) 5%

纳米复合材料多核模型（multi-core model）[150]，以及李盛涛等人提出的势垒模型（potential barrier model）[151]，纳米颗粒和聚合物基体之间存在一个几十纳米厚度的界面区，该界面区由内向外可以分为键合区、过渡区和正常区三部分。经硅烷偶联剂修饰的纳米颗粒表面具有大量的不饱和键、氢键和有机基团，可与聚合物基体分子通过离子键、共价键、氢键等相互作用形成键合区[152]，并在靠近纳米粒子的表面形成很高的势垒 Φ_1。过渡区主要由聚合物基体的分子链组成，以有序结构为主，作用强度不如键合区。正常区的性质和聚合物基体相似，分子链随机地排列在纳米颗粒的周围，与纳米粒子作用最弱。由于过渡区的费米能级和正常区不同，会在其交界处形成势垒 Φ_2。根据界面的分层结构，建立相应的势垒模型[151-152]，如图 6.6(a)所示。

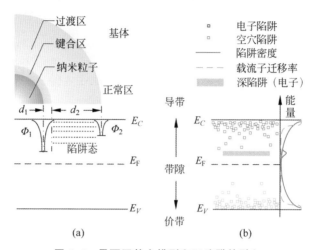

图 6.6　界面区势垒模型和深陷阱的引入

(a) 界面区势垒模型；(b) 深陷阱的引入示意图

在外电场作用下，正常区附近的陷阱势垒 Φ_2 可以被获得能量的载流子轻松跃过而落入过渡区。当聚合物基体中纳米颗粒的浓度较小时，纳米颗粒之间的距离很大，每个纳米粒子周围都会形成独立的界面结构。这种情况下，过渡区的厚度 d_2 小于载流子的平均自由程，使载流子从外电场获得的能量不足以使其克服陷阱势垒 Φ_1 而被捕获。这些被捕获的载流子被牢牢限制在界面区内，无法参与电流的进一步传导，导致聚合物基体内的载流子浓度和载流子迁移率均降低[151-152]。可见，界面区的存在使得陷阱能级变深、密度增大，即引入了大量的深陷阱，如图 6.6(b) 所示。而当掺杂纳米颗粒的浓度较高时，纳米粒子之间的距离变小，界面区重叠，d_2 增大，载流子可以在较长的距离上加速并获得足够的能量跃过势垒，使得聚合物基体中载流子的浓度和能量增大，材料的电导上升。

下面根据蒲尔-弗朗克效应（Poole-Frenkel effect）解释深陷阱对电导的调制作用。根据蒲尔-弗朗克效应，在外施电场 E 作用下，材料的能带结构发生倾斜，陷阱势垒 Φ_T 的高度下降，如图 6.7 所示，此时，有效陷阱势垒 Φ_{eff} 的高度为

$$\Phi_{eff} = \Phi_T - \Delta\Phi_{PF} = \Phi_T - \beta_{PF}E^{1/2} \tag{6-2}$$

式中，$\beta_{PF} = (e^3/\pi\varepsilon_r\varepsilon_0)^{1/2}$，被称为"蒲尔-弗朗克系数"。

固体电介质中的电导仅由那些能够跃过势垒而进入导带的电子构成

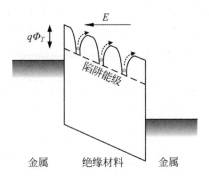

图 6.7　电场作用下典型的金属-介质-金属（metal-insulator-metal，MIM）结构的能带图

（以电子为例代表载流子），此时导带中的自由电子密度为[153]

$$n_c = N_{\text{eff}} \exp\left(-\frac{\Phi_{\text{eff}}}{2k_{\text{B}}T}\right) = n_0 \exp\left(\frac{\beta_{\text{PF}}E^{1/2}}{2k_{\text{B}}T}\right) \tag{6-3}$$

式中，N_{eff} 为导带中的有效态密度；$n_0 = N_{\text{eff}} \exp(-\Phi_T/2k_{\text{B}}T)$ 为零电场时的自由电子密度。由于固体电介质的电导 σ 与自由电子的密度 n_c 和迁移率 μ 有关，即 $\sigma = n_c e\mu$，所以：

$$\sigma = N_{\text{eff}} e\mu \exp\left(-\frac{\Phi_T}{2k_{\text{B}}T}\right) \exp\left(\frac{\beta_{\text{PF}}E^{1/2}}{2k_{\text{B}}T}\right) \tag{6-4}$$

其中自由电子的迁移率可以表示为[154]

$$\mu = \frac{\mu_0}{1 + \exp\left(\dfrac{\Phi_T - \beta_{\text{PF}}E^{1/2}}{k_{\text{B}}T}\right)} \tag{6-5}$$

根据式(6-4)和式(6-5)可以看出，陷阱能级 Φ_T 的增大可以同时降低材料中自由电子的密度和迁移率，从而降低材料的电导。可见，在环氧树脂中添加少量纳米 Al_2O_3 颗粒，通过界面区的形成引入大量深陷阱，是降低环氧树脂材料电导率的有效手段；材料电导率的降低又可有效降低绝缘子表面电荷积聚"基本模式"的大小。

6.1.2　富勒烯掺杂

如 6.1.1 节所述，在环氧树脂加入纳米 Al_2O_3 颗粒可以有效降低材料的体积电导率，抑制空间电荷的注入。但是，由于无机纳米颗粒比表面积大，表面能高，质量分数为 1%～10% 的添加量会大大增加聚合物基体的黏度，给聚合物复合材料的加工带来不便[155]。因此，需要找到一种新的填料,在较低含量填充时就可起到提高环氧树脂绝缘性能的目的。基于对纳米-环氧树脂复合材料介电性能的研究和对深陷阱电导调制作用的理解,本节提出了采用富勒烯掺杂环氧树脂材料的新方法。

1) 富勒烯和 C_{60} 简介

富勒烯是一类碳的同素异形体,以球状、椭球状或管状结构存在。其中,最常见的是由 60 个碳原子构成的 C_{60} 分子,它是一个球状 32 面体,结构形似足球,也称"足球烯",包含 20 个六边形和 12 个五边形,如图 6.8 所示。每个碳原子以非标准 sp^2 杂化轨道与 3 个碳原子相连,剩余 p 轨道在 C_{60} 分子的内腔和外围形成球面键[156]。

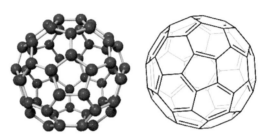

图 6.8 　C_{60} 分子结构

C_{60} 这种特殊的结构赋予了其独特的理化性质,尤其是具有较高的电子亲和能(~ 2.8 eV)和低的还原势(~ 0.6 eV)。由于 C_{60} 分子具有较强的电子亲和能力,它被广泛用于聚合物太阳能电池受体材料[157]。另外,碱金属掺杂的 C_{60} 还被制成超导材料[158]。还有研究表明,C_{60} 的空心笼状结构可用于制备超低介电材料[159]。近期,瑞典科学家们将 0.1% 的 C_{60} 掺杂到聚乙烯材料中,发现可以抑制电树枝生长,延缓聚乙烯电缆的老化,起到稳定剂的作用[160]。

受到这些研究的启发,我们认为在环氧树脂材料中加入微量纳米 C_{60} 填料,一方面可以在界面区形成深陷阱,另一方面在较强电子亲和力的作用下,捕获电子的能力增强,大大限制电子的迁移,能够达到降低聚合物电导的目的。

2) 原材料

本实验所用 C_{60} 购买于苏州大德碳纳米科技有限公司,纯度为 99.5%,粒径约 1 nm。本实验中所用环氧树脂、固化剂见 2.2.1 节。在准备填料时,首先需要将 C_{60} 粉末通过细胞超声粉碎机分散于甲苯溶液中,溶液浓度为 1 mg/mL,200 W 超声分散 60 min。然后在环氧树脂中加入不同含量的

富勒烯/甲苯溶液,边搅拌边加入,温度控制在 135℃,使得 C_{60} 的质量浓度
为 0.001‰~1‰。在 135℃的鼓风干燥箱中放置 24 h,使甲苯挥发;之后
在 135℃的真空烘箱中放置 24 h,使甲苯进一步完全挥发;最后加入适量固
化剂,按照图 2.6 所示的流程进行剩余步骤的绝缘子浇注。

3) C_{60} 在环氧树脂材料中的分散

采用扫描电子显微镜(SEM,Hitachi S4800)观察 C_{60}-环氧树脂复合材
料中填料的分散情况,如图 6.9 所示。

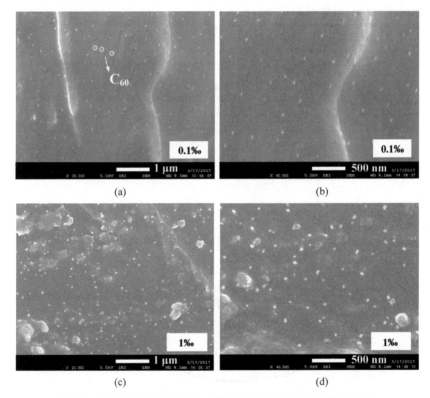

图 6.9　不同掺杂浓度的 C_{60}-环氧树脂复合材料断面的 SEM 图

其中,图 6.9(a)和(b)为 C_{60} 掺杂浓度为 0.1‰时的 SEM 照片,图中白
色小点为 C_{60},以 20 nm 左右的小团聚体的形式均匀分散于环氧树脂基体
中。当 C_{60} 含量增加到 1‰时,如图 6.9(c)和(d)所示,C_{60} 团聚体的数量明
显增多,尺寸为 20~40 nm,仍比较均匀地分散于环氧树脂基体中。

4) C_{60} 对环氧树脂介电常数和介电损耗的影响

采用德国 Novolcontrol 宽频介电谱仪对不同浓度的 C_{60}-环氧树脂复合

材料样品进行测量,获得室温下 $10^{-1} \sim 10^6$ Hz 频率范围内样品的介电常数和介电损耗,如图 6.10 所示。从图中可以看出,C_{60} 的添加使得环氧树脂材料的介电常数略有减小。例如,在工频 50 Hz 下,纯环氧树脂的介电常数约为 4.1,加入 0.1‰的 C_{60} 之后,复合材料的介电常数降低至 3.9 左右。如 6.1.1 节所述,这是由于 C_{60} 纳米团聚体阻碍了聚合物基体的链段运动,抑制了偶极子的极化。同时,可以看到,C_{60}-环氧树脂复合材料的介电损耗明显小于纯环氧树脂材料,这可能是由于 C_{60} 的加入,限制了环氧树脂基体中载流子的运动,导致材料电导降低所致。

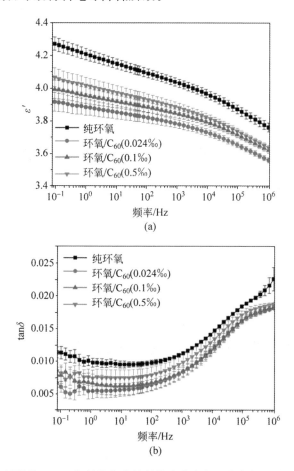

图 6.10　环氧树脂及 C_{60}-环氧树脂复合材料的介电常数和介电损耗随频率的变化关系
(a) 介电常数;(b) 介电损耗

5）C_{60} 对环氧树脂电导率的影响

为了验证本节最初的设想，对 C_{60}-环氧树脂复合材料的电导率进行了测量。图 6.11 所示为不同掺杂浓度的环氧树脂复合材料体积电导率随 C_{60} 含量的变化情况，测试温度为室温 25℃，电场强度为 10 kV/mm，极化时间 600 s。其中，测得纯环氧树脂的电导率约为 6.1×10^{-16} S/m，随着微量 C_{60} 的加入，复合材料的电导率不断下降，当 C_{60} 的含量达到 0.1‰～0.2‰时，复合材料的电导最小，只有 1×10^{-16} S/m 左右，不到纯环氧树脂电导率的 20％。然而，进一步增大 C_{60} 的含量，复合材料的电导率会逐渐升高。当 C_{60} 的含量超过 1‰时，复合材料的电导率大于纯环氧树脂的电导率。该规律与纳米 Al_2O_3 掺杂的环氧树脂复合材料类似。

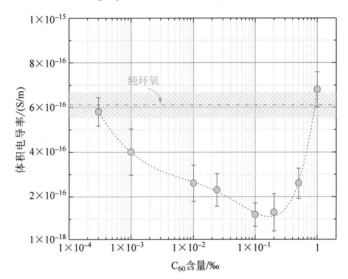

图 6.11　C_{60}-环氧树脂复合材料的体积电导率随 C_{60} 含量的变化关系

C_{60} 分子具有一定的半导体性质，其本身具有较高的载流子迁移率，数量级约为 10^{-2} $cm^2/(V \cdot s)$[161]，远远大于纯环氧树脂的载流子迁移率 10^{-12} $cm^2/(V \cdot s)$[162]。然而，微量的 C_{60} 掺杂却使得环氧树脂材料的电导率下降，说明 C_{60} 对环氧树脂内部的载流子迁移起到了一定的阻碍作用。根据 6.1.1 节第 5）部分的分析可知，这一方面是由于 C_{60} 颗粒和聚合物基体之间的界面结构引入了大量的深陷阱；另一方面，C_{60} 分子本身具有极强的电子亲合能，可以有效捕获聚合物基体中大量的自由电子。两方面的共同作用，降低了聚合物基体中的自由电子浓度，同时限制了自由电子的迁移,使材料的体积电导率下降。

为了评估 C_{60} 掺杂对环氧树脂电导降低作用的稳定性,对 C_{60}-环氧树脂复合材料在不同温度和不同电场下的电导率进行了测量,结果如图 6.12 所示。可以看出,在温度为 $25\sim120{}^\circ\mathrm{C}$ 时,各试样的电导率都随着温度的升

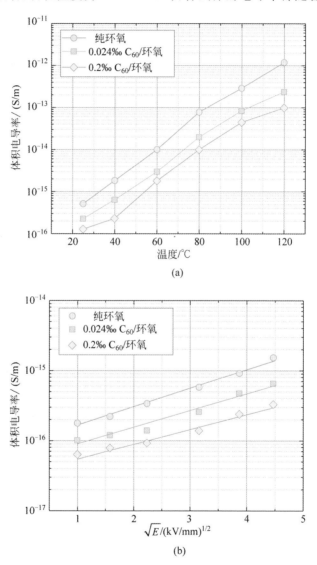

(a)

(b)

图 6.12   纯环氧树脂和 C_{60}-环氧树脂复合材料体积电导率

(a) 体积电导率随温度的变化;(b) 体积电导率随电场强度的变化

高而增大,但 0.024‰和 0.2‰含量的 C_{60}-环氧树脂复合材料电导率均低于纯环氧树脂;在电场强度为 1~20 kV/mm 时,C_{60}-环氧树脂复合材料的电导率也是始终低于纯环氧树脂。

6) C_{60}-环氧树脂复合绝缘子表面电荷积聚情况

为了检验 C_{60} 掺杂对环氧树脂绝缘子表面电荷的抑制效果,对绝缘子的表面电荷进行了实测。在图 2.11 所示的缩比 GIL 实验平台上,施加－25 kV 电压,环境气体为 0.1 MPa SF_6,加压 360 min。图 6.13 所示为测量得到的绝缘子表面电位分布和计算得到的表面电荷分布图。

从图 6.13(a)可以明显看出,三种绝缘子的表面电位极性与所加电压极性相同,说明气-固界面电荷积聚过程中固体侧电流占主导,再次印证了

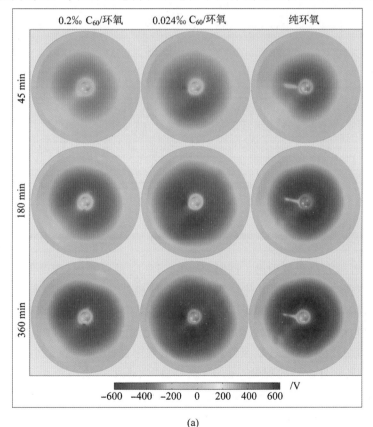

(a)

图 6.13　C_{60}-环氧树脂复合绝缘子在直流电压下的表面电位和表面电荷分布
(a) 表面电位分布;(b) 表面电荷分布

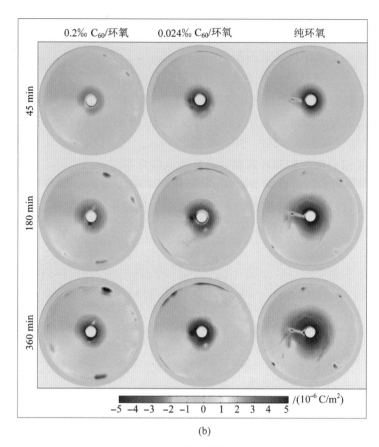

(b)

图 6.13　（续）

之前提出的电荷积聚理论。同时，从图 6.13（b）可以看出，表面电荷积聚明显呈现"基本模式"和"电荷斑"共存的两种模式。重要的是，掺杂了微量 C_{60} 的环氧树脂绝缘子表面电荷积聚整体水平（"基本模式"）要显著低于纯环氧树脂绝缘子，掺杂浓度为 0.2‰ 的复合绝缘子对表面电荷积聚"基本模式"的抑制效果最好，这是因为它的体积电导率最低，体电流最小，从而减小了气-固界面处电荷的积聚。由于"电荷斑"的产生主要与绝缘子表面和电极表面的缺陷和杂质有关（见 4.2.2 节），所以也可以看出材料本体改性对"电荷斑"的影响并不十分明显。

6.2　环氧树脂材料表面改性的研究

6.2.1　表面氟化处理

表面氟化处理从基础研究到化工应用已有数十年的历史,是对聚合物表层进行化学修饰的最有效途径之一[163]。由于氟气极强的活性和氧化能力,它可以与许多聚合物进行直接的氟化反应,形成与基体有机结合的牢固的碳-氟表层,而不会改变聚合物内部的性质。人们通常采用氟化处理来提升聚合物表层的阻隔性能和黏结性能,以及改善材料表层的化学稳定性和生物相容性[163]。近年来,越来越多的研究表明表面氟化处理同样能够有效调控聚合物材料的电学性能[100,164]。

本节将借助表面氟化处理这一技术,通过对微米 Al_2O_3-环氧树脂复合绝缘子进行表面化学修饰,以期在不影响主绝缘的情况下适当提高绝缘子表面电导,达到疏散表面电荷、抑制“电荷斑”的效果。

1）氟化处理实验方法

本实验中所用绝缘子按照 2.2.1 节所述方法浇注。在氟化处理前,用酒精仔细擦拭绝缘子表面,并对其进行高温干燥 12 h。随后,将绝缘子放入反应釜中,充入体积浓度为 12.5% 的 F_2/N_2 混合气体作为氟化反应气体,氟化温度为 50℃,反应釜内压力为 0.1 MPa。试样被分批处理了 15 min,30 min 和 60 min,相应试样记为 F-15,F-30,F-60。为了对比氟化与否对气-固界面电荷积聚的影响,特别选择了一个圆锥绝缘子,用铝箔胶带贴紧绝缘子表面,并将圆锥绝缘子表面平均分成 4 个扇面,每次氟化时只揭开其中一个扇面上的胶带。这样,进行三批氟化反应之后,在同一个绝缘子表面就形成了未氟化区、氟化 15 min 区、氟化 30 min 区、和氟化 60 min 区 4 个区域。

2）氟化绝缘子表层化学组成

采用衰减全反射红外光谱仪（ATR-IR,Nicolet Nexus 670,USA）表征原试样和氟化试样表层的化学组成,结果如图 6.14 所示。在原试样的红外吸收谱(a)中,酸酐的特征吸收($1777\ cm^{-1}$ 和 $1859\ cm^{-1}$)和环氧基团的特征吸收($915\ cm^{-1}$)[165]都没有出现,说明甲基四氢苯酐和双酚 A 环氧树脂在固化阶段已进行了充分的化学反应,形成了 C＝O 键($1734\ cm^{-1}$)[100]。波数为 $2873\ cm^{-1}$,$2927\ cm^{-1}$,$2962\ cm^{-1}$ 的特征吸收代表的是 C—H 伸缩；波数为 1508 cm^{-1}，1582 cm^{-1}，1608 cm^{-1} 的特征吸收代表的是 C═C 伸缩[166]；波数为 1460 cm^{-1} 的特征吸收关联的是—CH$_2$ 和—CH$_3$ 的弯曲振动吸收[166]；波数在 1200～1300 cm^{-1} 范围的特征吸收属于脂肪醚和芳香脂肪醚的 C—O—C 伸缩振动；波数在 500～950 cm^{-1} 较宽范围的特征吸收属于 Al$_2$O$_3$ 中 Al—O 四面体的伸缩振动[167]。

从氟化试样的红外吸收谱图 6.14(b)～(d)中可以看到，氟化导致了 C—H，C═C，C═O 和 C—O—C 等吸收峰的减弱甚至消失，同时在波数 940～1340 cm^{-1} 范围内出现了 C—F 强吸收，而且氟化时间越长，该变化越显著。波数 1786 cm^{-1} 附近的吸收为—COOH 的吸收与酯基吸收的叠加，—COOH 为酰基氟基团—COF 在大气中水解后的产物[163]。酰基氟基团—COF 的形成和醚基吸收峰的显著减弱说明在氟化过程中同时发生了分子链的剪切。

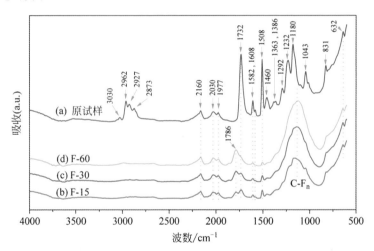

图 6.14　Al$_2$O$_3$-环氧树脂复合材料原试样和氟化处理后的试样 ATR-IR 谱图

3）氟化绝缘子表层形貌特征

采用扫描电子显微镜（SEM，Zeiss Sigma）观察氟化试样断面的微观结构，如图 6.15 所示。可以清晰地看到，氟化后的 Al$_2$O$_3$-环氧树脂试样表层形成了一层致密的氟化层，随着氟化时间的增大，氟化层的厚度逐渐增加，F-15，F-30，F-60 中氟化层的厚度分别约为 0.62 μm，1.20 μm 和 1.94 μm。

采用原子力显微镜（atomic force microscope，AFM，Bruker）观察氟化试样

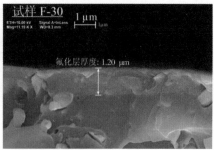

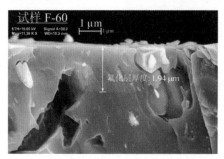

图 6.15　氟化处理后试样的 SEM 断面图

表面的微观形貌,测量范围为 $50~\mu m \times 50~\mu m$ 的方形区域,如图 6.16(a)所示,图 6.16(b)是对样品形貌图进行表面深度分析后得到的深度分布直方图。

从图 6.16(a)中可见,Al_2O_3-环氧树脂复合材料微观表面非常不平整,有许多凸起和凹陷,这主要是由微米 Al_2O_3 填料造成的。与未经处理的原始试样相比,F-15 的表面出现了一些明显的褶皱,但尖锐的凸起显著减少。随着氟化时间的增加,这些尖锐的凸起变得更少,凹陷的深度也逐渐变浅。从图 6.16(b)中也能够看出,氟化时间越长,表面最大深度和峰-峰之间的距离减小,表明试样表面变得更加致密和平整。这些微观形貌的变化主要是由氟化反应的放热性和氟原子比氢原子有较大的半径这两方面的因素所导致。

4)氟化绝缘子表面陷阱能级

采用第 5 章中介绍的等温电流衰减法获得原始试样和氟化试样 F-15,F-30 和 F-60 的表面陷阱能级分布,结果如图 6.17 所示。

可以明显看出,氟化试样的陷阱能级相比于未处理前显著变浅。事实上,如果环氧树脂中分子链的化学结构没有改变的话,在氟化反应后的材料表层,氟原子仅仅取代分子链上的氢原子,由于氟原子在化学元素周期表中

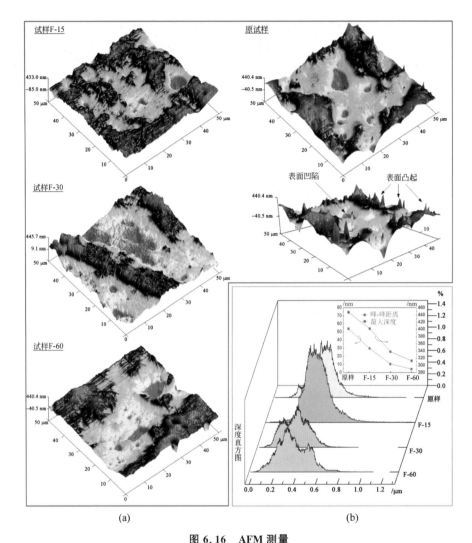

图 6.16　AFM 测量

（a）试样表面微观形貌图；（b）表面深度分布直方图

具有最强的电负性,捕获电子的能力很强,会使氟化试样表层的陷阱能级变深。然而,化学组成的改变必然伴随着化学结构的改变,如前文中提到的分子链的剪切和表面形貌的改变等,这些结构的变化可能带来大量物理缺陷,使陷阱能级变浅。所以,图 6.17 显示的氟化试样陷阱能级变浅应该主要是由氟化反应带来的物理缺陷造成的。

　　另外,我们发现,氟化时间越长,电子陷阱的能级又会逐渐变深,这主要

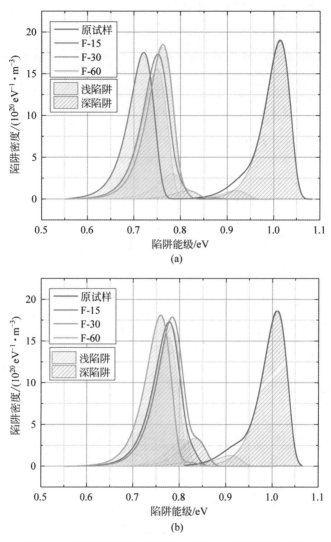

图 6.17　原试样和氟化试样的电子和空穴陷阱能级分布
（a）电子陷阱；（b）空穴陷阱

是因为氟化时间越长,引入的氟原子越多,化学成分的改变效应大于了结构的改变效应,使能级变深。而对于空穴陷阱,氟化时间对陷阱能级的影响并没有明显规律。

　　材料表面陷阱能级的下降使载流子的脱陷变得容易,所以氟化材料的表面电导率会增大,表 6.1 所示为采用三电极法测得的各试样表面电导率,可以看出氟化试样的表面电导率相比原试样提高了 3~5 个数量级。

表 6.1　各样品的陷阱参数

试　　样	原　试　样	F-15	F-30	F-60
表面电导率/S	1.0×10^{-21}	3×10^{-16}	2×10^{-17}	8×10^{-19}

试样条件：样品厚度为 1 mm，加压 100 V；纯氮气中测量，相对湿度<5%，温度为20℃。

5）氟化绝缘子表面电荷积聚情况

综上所述，氟化处理在环氧树脂材料表层 1 μm 内带来了化学结构的变化，物理缺陷的引入，使陷阱能级变浅，表面电导率提高。为了探究这一改变对气-固界面电荷积聚的影响，对氟化处理后的圆锥形绝缘子表面电荷积聚情况进行了实测。在 0.1 MPa 空气中施加电压 $U=-40$ kV，加压 30 min 后测量绝缘子表面电位分布，并采用反演算法计算出表面电荷密度分布，所得结果如图 6.18 所示。

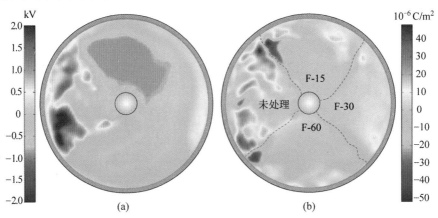

图 6.18　氟化处理的绝缘子上表面电位和表面电荷分布
(a) 表面电位分布；(b) 表面电荷分布

从图 6.18 中可以清晰地看到，绝缘子表面只有未进行氟化处理的 1/4 区域内积聚了大量的正极性"电荷斑"，而其余 3/4 的区域由于进行了氟化处理，只表现出电荷积聚的"基本模式"（从图 6.18(a)可以清楚地看出氟化区域的电位与所加电压极性相同），电荷整体分布比较均匀，仅在 F-15 和 F-60 与未处理区域的交界处产生局部的负极性"电荷斑"，这是由两区域交界处表面电导突变造成的。

通过该实验，从实验上验证了氟化处理可以有效抑制 Al_2O_3-环氧树脂绝缘子的表面电荷积聚,降低"电荷斑"的电荷密度,具有使电荷分布均匀化的作用。

6.2.2　二维纳米涂层

氟化处理是通过改变聚合物表层的化学组成和化学结构来引入浅陷阱,提高表面电导率,达到疏散电荷的目的。那么,能否通过改变聚合物表层的物理结构而起到同样的效果呢? 答案是肯定的,层状结构就是实现该目的的一种理想物理结构。通过对聚合物表层填料取向的优化,使其能够高度一致地沿切向分布,有利于促进电荷沿切向传导,而又保持了法向的绝缘强度。根据这个思路,本节创新性地提出了一种二维纳米涂层技术,通过自组装的方式在聚合物的表面涂覆一层具有高度切向取向的涂层,促进表面电荷沿切向消散,达到抑制电荷积聚的目的。

1) 二维纳米片层材料:蒙脱土

自 2004 年石墨烯被发现以来,二维纳米材料的概念随即横空出世,火遍了整个科学界。近年来,二维纳米材料以其独特的性质和广阔的应用前景引起了研究者们广泛的关注,一大批石墨烯之外的二维纳米材料也被相继发现。

蒙脱土(montmorillonite,MMT),又称"胶岭石""微晶高岭石",是一种天然的具有二维层状结构的硅酸盐类黏土矿石,其硅酸盐片层是由硅氧四面体和铝氧羟基八面体以 2:1 的比例形成的晶体结构,如图 6.19 所示。MMT 的硅酸盐片层是在范德华力、氢键和偶极矩的综合作用下形成的,其单一片层的长宽尺寸可达几百纳米,而厚度仅为 1 nm[168]。正常情况下,MMT 很少以单独的片层存在,而是靠静电作用堆叠在一起,片层之间吸附有可交换的水合阳离子,如 Na^+,K^+,Ca^{2+},Mg^{2+} 等,片层间的距离一般在 $0.96\sim2.10$ nm[169]。

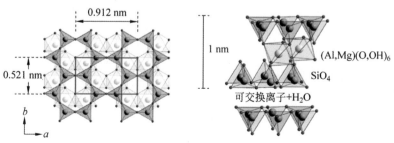

图 6.19　蒙脱土晶体结构

为了提升复合材料的力学性能、阻隔性能和热学性能,常常将 MMT 片层与高分子聚合物在纳米量级进行复合[170]。采用插层的方法,先将高分子聚合物单体分散,再插入到 MMT 片层之间,使 MMT 层间距撑大,并以纳米尺寸的单层或多层结构嵌在聚合物基体之中,得到有机材料和无机材料层叠的复合体系。常用的插层复合方法有熔融插层法、溶液插层法和原位聚合法等[171]。

聚乙烯醇(poly(vinyl alcohol),PVA)是一种常用的水溶性树脂,具有优异的化学稳定性、热稳定性、电绝缘性、黏结性、透光性和力学性能等,常被用作黏合剂和成膜剂[170]。选用 PVA 与 MMT 复合,采用溶液插层法制备可应用于环氧树脂材料表面的 PVA/MMT 纳米涂层,利用 MMT 的高度取向性,有望起到疏散绝缘子表层电荷的作用,有效抑制绝缘子表面"电荷斑"的形成。

2) PVA/MMT 纳米涂层的制备

原材料:

聚乙烯醇(PVA),Mowiol® 8-88,平均分子量 67 000,日本 Kuraray 公司提供;

蒙脱土(MMT),Cloisite® Na+,由美国 BYK Additives 公司提供;

戊二醛(Gluteraldehyde,GA),50%水溶液,由美 Sigma-Aldrich 公司提供;

盐酸(HCl),37%水溶液,由美 Sigma-Aldrich 公司提供。

PVA/MMT 分散系的制备:

取一定量的 MMT,分散于去离子水中,形成浓度为 1%的悬浮液,然后高速搅拌 5 min,并采用超声处理 30 min(Branson 8510R-MT,250 W,44 kHz)后,MMT 聚合体逐渐剥离,形成单片层的结构。接着,按一定配比向上述悬浊液中加入 PVA[①],控制总固体含量(PVA+MMT)为 1.5%(质量分数)。随后置于水浴中,边搅拌边升温至 90℃,并再次超声分散30 min。待 PVA 完全溶解后加入少量的交联剂 GA,使其摩尔数与 PVA链上羟基的摩尔总数之比控制在 1:20,并加入交联反应的催化剂 HCl,其摩尔数与 GA 的摩尔数之比为 1:5。最后,恒温下超声 30 min,形成均一透明的 PVA/MMT 分散系。

---

① 实验室先前的研究已经表明,当 MMT 和 PVA 的质量比为 1:1 时,得到的 PVA/MMT层状结构最规整,MMT 片层的取向一致性最好[172]。因此,本书中如未特殊说明,MMT 和 PVA的质量之比均为 1:1。

浸渍涂覆

　　纯环氧树脂平板作为被涂覆的基底，在涂覆前用等离子体（plasma gas system 210，PVA TePla，USA）处理 4 min，去除表面杂质并提高基体表面的亲水性。处理完后的环氧树脂板垂直浸没到上述分散系当中，保持 10 s 后取出，垂直静置在 60℃的恒温箱中 1 h。此时，在重力的作用下，MMT 单片层结构会在溶液中随着液体的流向形成同一方向的排列，并在交联剂的作用下与 PVA 分子链自组装在一起，形成具有高度取向性的二维纳米涂层。纳米涂层制备过程和交联反应的示意图见图 6.20。待表面涂层干

图 6.20　二维纳米涂层的形成过程和交联反应过程
（a）二维纳米涂层制备流程；（b）MMT 片层和 PVA 分子链之间的交联过程

燥后,将环氧树脂基板的浸渍方向旋转180°,再次重复上述浸渍过程,这样重复若干次,用来控制涂层的厚度并保证涂层厚度的均匀性。

3) PVA/MMT 纳米片层结构的表征

MMT 单片层在整个纳米涂层中的取向性是该涂层质量的关键指标,只有 MMT 单片层具有高度一致的切向取向,才能保证在切向方向疏散电荷的同时,又不会对法向的绝缘构成影响。所以,需要对 PVA/MMT 纳米涂层的微观结构进行表征。

首先,对 PVA/MMT 纳米涂层及相关材料进行了 X 射线衍射(X-ray diffraction,XRD)分析,结果如图 6.21 所示。从图中可以看到,纯 MMT 样品的(001)面衍射峰在 7.81°左右,由布拉格方程计算得出对应的晶面间距离为 $d_s = 1.1$ nm,这与图 6.21 中 MMT 的晶体结构基本一致。纯 PVA/MMT 膜(以硅片为基底制作涂层,并从硅片上剥离获得)的衍射峰移至 3.24°,相应晶面间距离变为 $d_s = 2.7$ nm,即 MMT 片层间距离增大,说明 PVA 分子已经进入到 MMT 片层结构当中。同样的,涂覆了 PVA/MMT 纳米涂层的环氧树脂材料的衍射峰在 2.94°附近,相应晶面间距离为 $d_s = 2.9$ nm,衍

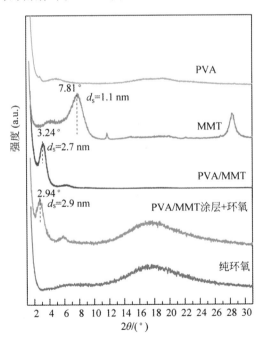

图 6.21　PVA/MMT 涂层及相关材料的 XRD 谱图

射峰较窄,且无杂峰存在,说明在环氧树脂表面形成了比较规整的 PVA/MMT 层状结构。由于单片层 MMT 的厚度约为 1 nm,说明 MMT 层间的 PVA 层厚约为 2 nm。

　　为了直观观察 PVA/MMT 的微观结构,采用透射电子显微镜(transmission electron microscope,TEM)对 PVA/MMT 涂层的截面进行拍摄,结果如图 6.22 所示。从图中可以看出,基底上的 PVA/MMT 涂层结构十分规整,MMT 单片层结构充分剥离,沿着一致的方向排列,具有极高的取向性,满足对绝缘子表面涂层结构的设想。PVA/MMT 涂层的整体厚度根据浸渍次数的不同,可以控制在 200~1000 nm,单次浸渍产生的 PVA/MMT 涂层厚度约为 200 nm,可以通过多次浸渍达到不同的厚度。

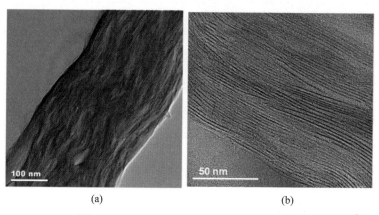

(a)　　　　　　　　　　(b)

图 6.22　PVA/MMT 涂层截面的 TEM 照片

4) PVA/MMT 二维纳米涂层的陷阱能级

采用等温电流衰减法获得涂覆了 PVA/MMT 纳米涂层的环氧树脂材料表面陷阱能级分布,结果如图 6.23 所示。从图中可以看到,涂覆了 PVA/MMT 二维纳米涂层之后,环氧树脂材料表层的电子陷阱和空穴陷阱从 1.02 eV 左右变为 0.86 eV 左右。陷阱能级变浅主要与涂层中紧密排列的二维层状结构有关,这种特殊的结构有助于载流子沿着这些平行排列的有机硅酸盐晶体片层表面疏散,使载流子在切向的迁移变得容易。而在法向方向,由于数百层致密的有机/无机重复结构的屏障作用,有效阻碍了载流子在法向方向的迁移,而且涂层的厚度相比于基底的厚度可以忽略,因此法向方向的电导并会不增加。

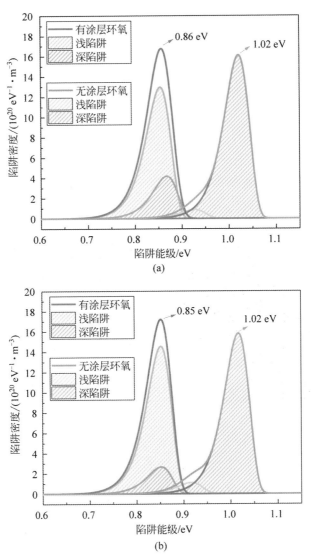

图 6.23　涂覆了 PVA/MMT 纳米涂层的环氧树脂材料表面陷阱能级分布
（a）电子陷阱；（b）空穴陷阱

5）PVA/MMT 二维纳米涂层的电荷疏散作用

为了观察 PVA/MMT 涂层对电荷的疏散作用，对其表面电荷的消散现象进行研究。采用如图 5.1(a)所示的针电极（正极性）对试样表面进行电晕带电，在开放空间中进行电荷消散，得到试样表面的电位分布随时间变化情况如图 6.24 所示。

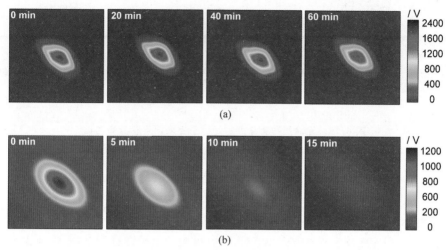

图 6.24　无涂层和有涂层的环氧树脂试样表面电位随时间变化结果
(a) 无涂层的环氧树脂；(b) 有涂层的环氧树脂

从图中可以明显看出，未涂覆纳米涂层的样品，其表面电荷消散十分缓慢，在 60 min 之后仍有大量的电荷积聚在样品表面；而涂覆了纳米涂层的样品，初始电荷幅值远低于原始试样，而且表面电荷消散迅速，并有向周围扩散的迹象，说明该涂层对电荷有显著的疏散作用。

6) PVA/MMT 涂覆绝缘子表面电荷积聚情况

为了考察 PVA/MMT 涂层的实际效果，对 Al_2O_3-环氧树脂复合绝缘子表面涂覆二维纳米涂层，与不涂覆纳米涂层的绝缘子进行对比。在 0.1 MPa 空气中施加 -20 kV 电压，30 min 后测量其表面电位分布，并计算相应的表面电荷分布，结果如图 6.25 所示。可以看出，未涂覆二维纳米涂层的绝缘子表面"电荷斑"积聚明显，电荷密度较大；而涂覆了二维纳米涂层的绝缘子，"电荷斑"数量和密度都显著减小，电荷整体分布均匀，表明该涂层对直流电压下实际应用的绝缘子具有促进表面电荷疏散，减小"电荷斑"密度的作用。

需要指出的是，MMT 片层的高度取向性是在浸渍过程中通过溶液的流动作用形成的。对于圆锥形或盆式等结构复杂的绝缘子，其浸渍工艺在实际应用中可能仍需改进，以保证 MMT 片层在涂层中的高度取向。该问题值得在今后的工作中深入研究，应不断完善和优化浸渍工艺，最终实现工业应用。

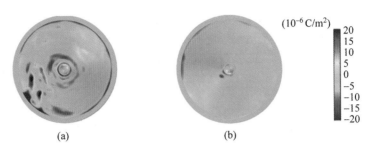

$(10^{-6}\,C/m^2)$

20
15
10
5
0
-5
-10
-15
-20

(a)   (b)

图 6.25   无涂层和有涂层的绝缘子上表面电荷分布对比

(a) 无涂层绝缘子；(b) 有涂层绝缘子

7) PVA/MMT 涂覆绝缘子沿面闪络电压

最后,对涂覆了 PVA/MMT 二维纳米涂层的环氧树脂绝缘子沿面闪络电压进行了测试。采用指压电极的形式,电极结构如图 6.26 所示,测试在 0.1 MPa 干燥空气中进行。对高压电极施加正极性直流电压,电压上升率为 500 V/s,直到发生沿面放电,每组实验重复多次,取平均值作为试样的沿面闪络电压。

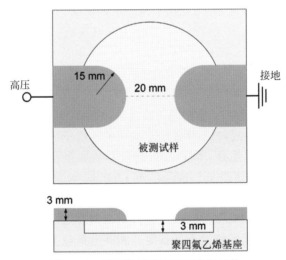

高压   15 mm   20 mm   接地

被测试样

3 mm

3 mm

聚四氟乙烯基座

图 6.26   沿面闪络电压测试电极结构

沿面闪络电压的测试结果如图 6.27 所示。在第一组测试中,试样表面不施加初始电荷,即试样表面的初始电荷为 0。经测试,无涂层的环氧树脂绝缘子沿面闪络电压为 33.7 kV,而有涂覆 PVA/MMT 二维纳米涂层的环氧树脂绝缘子沿面闪络电压为 39.8 kV,比无涂层的绝缘子提高了 18%。

在第二组实验中,首先在高压极施加－20 kV 直流电压 30 min,对试样表面进行"充电"。这样,大量负极性电荷会积聚在高压电极附近,对于无涂层的环氧树脂绝缘子尤为显著,试样表面的初始电荷(电位)分布如图 6.27 中的右上角插图所示。接着,对试样施加正极性直流电压直至发生闪络。由于高压极附近初始负电荷的存在增强了高压极附近的电场,沿面闪络电压相比第一组实验都有所下降。无涂层的环氧树脂绝缘子沿面闪络电压比第一组下降 14.5%,而有涂层的环氧树脂绝缘子沿面闪络电压仅比第一组下降 7.5%。由此可见,PVA/MMT 二维纳米涂层对提高绝缘子沿面闪络电压效果显著。

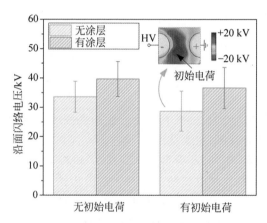

图 6.27　沿面闪络电压测试结果

通常,层状结构一般都会表现出各向异性的电导特性[173-174]。在本书中,二维纳米涂层对环氧树脂绝缘子沿面闪络电压的提升可以从两个方面解释。从涂层材料的切向方向来看,高压电极边缘与绝缘子接触处的"三结合点"位置在电压升高时容易产生电晕(局部放电),这些产生的电荷可以沿着大量的 PVA/MMT 界面横向疏散,而不至于在电极处产生电荷积累,因此可以延缓沿面闪络的发生;从涂层材料的纵向方向来看,不断交替的有机/无机片层在绝缘子和电极之间提供了大量屏障,限制了电荷的纵向注入,同时也阻碍了带电粒子对绝缘子表面的轰击,抑制了进一步电子崩的产生。已经有研究表明,具有足够强度的层状屏障结构可以诱导复合材料中的电树枝沿着屏障界面发展,从而使垂直于界面方向的击穿强度增加[175-176]。图 6.28 示意了高压电极三结合点处沿面闪络的起始过程,其中蓝色箭头表示的是带电粒子沿着 PVA/MMT 界面的疏散路径。总之,二维纳米涂层对带电粒子的切向疏散作用和纵向阻碍作用都有助于沿面闪络电压的提高。

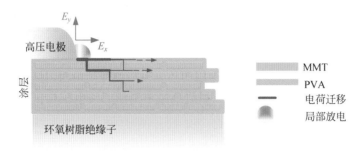

图 6.28　PVA/MMT 二维纳米涂层对电荷的切向疏散和纵向阻碍作用示意图

6.3　本 章 小 结

本章从环氧树脂复合材料的本体改性和表面改性两个方面,探究了抑制表面电荷积聚的方法,主要结论如下:

(1) 在环氧树脂中加入少量纳米 Al_2O_3 颗粒可以有效降低复合材料的体积电导率,抑制空间电荷的注入。这是因为纳米颗粒和聚合物基体之间的界面区引入了大量的深陷阱,降低了自由载流子的浓度和迁移率。

(2) 在环氧树脂中掺杂微量 C_{60} 也可以有效降低复合材料的体积电导率,这是因为 C_{60} 具有较高的电子亲合能,可以捕获聚合物中的自由电子。实验证明掺杂 C_{60} 的环氧树脂绝缘子在直流电压下电荷积聚“基本模式”的水平显著降低。

(3) 通过氟化处理可以改变环氧树脂复合材料的表层化学结构,引入物理缺陷,使表层陷阱能级变浅,促进电荷的消散。实验证明经过氟化处理的环氧树脂绝缘子表面电荷分布变得均匀,“电荷斑”的电荷密度显著降低。

(4) 提出了一种用于环氧树脂绝缘子的 PVA/MMT 二维纳米涂层材料,通过溶液插层法制备 PVA/MMT 复合分散系,并采用浸渍工艺将其涂覆在绝缘子表面。以自组装的方式形成的紧密排列的、具有高度取向性的 MMT 片层结构,可以有效促进表面电荷沿切向的消散。实验证明,涂覆了 PVA/MMT 二维纳米涂层的绝缘子表面电荷分布均匀,“电荷斑”的电荷密度显著降低,沿面闪络电压提高。

第7章 结 论

本书中的主要工作包括：建立了一套基于缩比 GIL 单元的绝缘子表面电荷自动测量实验平台；提出了针对"平移不变"和"平移改变"两种系统的表面电荷反演算法；研究了直流电压下气-固界面电荷的积聚现象和积聚机理；研究了气-固界面电荷的消散特性；从绝缘子材料本体改性和表面改性两个方面提出了抑制气-固界面电荷积聚的方法。本书的主要研究成果和结论如下：

1) 基于有源静电探头法，搭建了一套基于缩比 GIL 的气-固界面电荷测量平台，采用多轴自动控制系统实现对绝缘子表面电位的精确扫描。借鉴数字图像处理的方法，提出了针对"平移改变"和"平移不变"两种系统的表面电荷反演算法。

(1) 对于平移改变系统，应用吉洪诺夫正则化方法有效解决了大维数传递函数矩阵的病态问题，使测量系统的采样总点数达到 15 840 个，相应空间采样率提高到 $1/(\text{mm} \cdot (°))$。基于点扩散函数的空间频域分布特性，得到该测量-反算系统的空间分辨率可达 $1.8 \sim 2.9$ mm。

(2) 对于平移不变系统，可将空间域中的卷积运算通过 2D-FFT 转换成频域中的乘法运算，使电荷的求解可以通过频域中的除法完成，避免了矩阵的求逆，大大降低了运算复杂度。

本书建立的测量系统和相应的反演算法具有优异的计算稳定性、较高的空间分辨率和计算精度，达到了国际领先水平，这是本书的第一个创新点。

2) 系统测量了不同直流电压下空气和 SF_6 中绝缘子表面电荷的时空演化规律，重点分析了气-固界面电荷的分布特征，根据电荷积聚形式和形成机理的不同，提出了气-固界面电荷分布的两种模式，即"基本模式"和"电荷斑"模式。

(1) "基本模式"的极性与所加电压的极性相同，从实验和仿真上都已证实，这主要是由气-固界面处固体侧电流大于气体侧电流所导致，降低固体材料的体积电导率可以有效降低气-固界面电荷"基本模式"的水平。

（2）"电荷斑"模式分为点状"电荷斑"和条纹状"电荷斑"两种,点状"电荷斑"又包括单极性点电荷和双极性电荷对两种形态。单极性点电荷和条纹状电荷的极性都与所加电压极性相反;而双极性电荷对的取向总是异号电荷靠近中心电极,同号电荷远离中心电极。点状"电荷斑"可能是由吸附在绝缘子表面的杂质造成的,而条纹状"电荷斑"与三结合点处由缺陷引起的微放电有关。

两种电荷积聚模式的提出厘清了国际上关于气-固界面电荷积聚机理的讨论,为气-固界面电荷积聚的研究提供了新的观点,这是本书的第二个创新点。

3）通过对比实验,观测了环氧树脂材料在不同情况下的表面电荷消散过程,并通过构建物理模型,分别考察了通过体电导消散、面电导消散、与气体中离子中和消散这三种不同消散机理主导下的气-固界面电荷消散现象,系统揭示了气-固界面电荷消散特性和动力学过程。实验表明,对于环氧树脂、聚四氟乙烯等体积电导率小于 10^{-15} S/m 的材料,其表面电荷主要是通过与气体中离子中和而消散,电荷密度越大的区域消散越快;对于硅橡胶等体积电导率大于 10^{-14} S/m 的材料,其表面电荷主要通过体电导消散;未经特殊处理的绝缘材料,其表面电导较小,对消散的作用有限。降低材料的表面陷阱能级,有助于电荷沿材料表层疏散。

4）从环氧树脂复合材料的本体改性和表面改性两个方面提出了抑制绝缘子表面电荷积聚的方法。

（1）本体改性方面,以降低固体材料体积电导率为目的,以期降低绝缘子表面电荷积聚"基本模式"的水平。实验研究了纳米 Al_2O_3 颗粒掺杂对环氧树脂介电性能的影响,发现在纳米颗粒和聚合物基体的界面区引入了大量的深陷阱,降低了自由载流子的密度和迁移率,从而降低了环氧树脂的体积电导率。

同时,本书提出了通过掺杂微量 C_{60} 来降低环氧树脂的体积电导率,利用 C_{60} 较强的电子亲和能,捕获聚合物中的自由电子,降低自由载流子的密度和迁移率。通过对比实验,验证了 C_{60}-环氧树脂复合材料具有有效抑制绝缘子表面电荷"基本模式"水平的作用。这是本书的第三个创新点。

（2）表面改性方面,以促进表面电荷沿切向疏散为目的,以期降低绝缘子表面"电荷斑"的电荷密度。通过氟化处理可以改变环氧树脂材料的表层化学结构,引入物理缺陷,使其表面陷阱能级变浅;实验证明经过氟化处理的环氧树脂绝缘子表面电荷分布均匀,"电荷斑"密度减小。

另外,本书首次提出了一种 PVA/MMT 二维纳米涂层技术,可在环氧树脂绝缘子表面通过自组装的方式形成具有高度取向性的 MMT 片层结构,有效疏散表面电荷,并通过实验验证了该涂层具有使表面电荷均匀、提高沿面闪络电压的效果。这种二维纳米涂层结构为未来直流绝缘子的研制提供了新的概念,是本书的第四个创新点。

综上所述,本书沿着测量技术—实验现象—机理分析—解决方案四个环节系统地研究了气-固界面电荷的积聚问题,既有理论创新,也具有工程应用价值,为我国高压直流 GIL 绝缘优化设计及装备研发提供了重要的理论基础和科学依据。

参 考 文 献

[1] 刘振亚.中国电力与能源[M].北京：中国电力出版社,2012.

[2] 刘振亚.特高压直流电网[M].北京：中国电力出版社,2013.

[3] 李立涅.特高压直流输电的技术特点与工程应用[J].电力设备,2006,7(3)：1-4.

[4] 阮全荣.气体绝缘金属封闭输电线路工程设计研究与实践[M].北京：中国水利水电出版社,2011.

[5] 胡毅,刘庭.输电线路建设和运行中的制约与技术创新[J].高电压技术,2008,34(11)：2262.

[6] KOCH H. Gas-insulated transmission lines(GIL)[M]. New York：John Wiley & Sons,2012.

[7] 齐波,张贵新,李成榕,等.气体绝缘金属封闭输电线路的研究现状及应用前景[J].高电压技术,2015,41(5)：1466-1473.

[8] 何金良.构建地下能源综合通道的设想[J].南方电网技术,2016,3(10)：66-70.

[9] KOCH H, HOPKINS M. Overview of gas insulated lines (GIL)[C]//Power Engineering Society General Meeting.[S. l.：s. n.],2005：940-944

[10] AZZ|CGIT. CGIT Systems Worldwide Experience List[Z].2012.

[11] Gas-Insulated Transmission Line(GIL)[R]. SIEMENS Product Brochure,2018.

[12] KOCH H,HILLERS T. Second generation gas-insulated line[J]. Power Engineering Journal,2002,16(3)：111-116.

[13] 吴超.直流 GIL 中气体间隙和绝缘子绝缘特性研究[D].成都：西南交通大学,2012.

[14] MUROOKA Y,KOYAMA S. Nanosecond surface discharge study by using dust figure techniques[J]. Journal of Applied Physics,1973,44(4)：1576-1580.

[15] KNECHT A. Development of surface charges on epoxy resin spacers stressed with direct applied voltage[M]//Gaseous Dielectrics Ⅲ. New York：Pergamon Press,1982：356-364.

[16] JING T. Surface charge accumulation in SF_6[D]. Delft：Delft University,1993.

[17] JING T,MORSHUIS P H F, KREUGER F H. AC stress-introduced static charging with rough electrode finishes[C]//Proceedings of the 5th International Conference on Properties and Applications of Dielectric Materials.[S. l.：s. n.],1997(1)：476-479.

[18] SRIVASTAVA K D,ZHOU J. Surface charging and flashover of spacers in SF_6

under impulse voltages[J]. IEEE Transactions on Electrical Insulation, 1991, 26(3): 428-442.

[19] CONNOLLY P, FARISH O. Surface charge measurement in air and SF_6 [M]. Gaseous Dielectrics Ⅳ. New York: Pergamon Press, 1984: 405-413.

[20] SATO S, ZAENGL S W, KNECHT A. A numerical analysis of accumulated surface charge on DC epoxy resin spacer[J]. IEEE Transactions on Electrical Insulation, 1987, 22(3): 333-340.

[21] OOTERA H, NAKANISHI K. Analytical method for evaluating surface charge distribution on a dielectric from capacitive probe measurement-Application to a cone-type spacer in ±500 kV DC GIS[J]. IEEE Transactions on Power Delivery, 1988, 3(1): 165-172.

[22] ZHOU J, THEOPHILUS D G, SRIVASTAVA K D. Pre-breakdown field calculations for charged spacers in compressed gases under impulse voltages [C]//IEEE International Symposium on Electrical Insulation. [S. l. ; s. n.], 1992: 273-278.

[23] TSURUTA K, CHERUKUPALLI S E, SRIVASTAVA K D. Charge accumulation on spacers in non-uniform field SF_6 gaps under DC and lightning impulse voltages[C]//IEEE International Symposium on Electrical Insulation. [S. l. ; s. n.], 1988: 44-49.

[24] MENDIK M, LOWDER M S. Long term performance verification of high voltage DC GIS[C]//IEEE Transmission and Distribution Conference. [S. l. ; s. n.], 1999 (2): 484.

[25] NITTA T, NAKANISHI K. Charge accumulation on insulating spacers for HVDC GIS [J]. IEEE Transactions on Electrical Insulation, 1991, 26(3): 418-427.

[26] NAKANISHI K, YOSHIOKA A, ARAHATA Y, et al. Surface charging on epoxy spacer at DC stress in compressed SF_6 gas[J]. IEEE Transactions on Power Apparatus and Systems, 1983, PAS-102(12): 3919-3927.

[27] OHKI Y. Thyristor valves and GIS in Kii channel HVDC link[J]. IEEE Electrical Insulation Magazine, 2001, 17(3): 78-79.

[28] WANG C. Non-intrusive measurement of GIS barrier surface charging[C]// Conference on Electrical Insulation and Dielectric Phenomena. [S. l. ; s. n.], 1995: 420-423.

[29] BOGGS A S, WANG Y. Trapped charge-induced field distortion on GIS[J]. IEEE Transactions on Power Delivery, 1995, 10(3): 1270-1275.

[30] YANABU S, MURASE H, AOYAGI H, et al. Estimation of fast transient overvoltages in gas-insulated substation [J]. IEEE Transactions on Power Delivery, 1990, 5(4): 1875-1882.

[31] 张乔根. 陡波前冲击电压下 SF_6 气体间隙及绝缘子沿面放电特性[D]. 西安: 西

安交通大学,1996.

[32] 苑舜.营口华能电厂 GIS 盘式绝缘子沿面放电分析[J].东北电力技术,1996,5: 36-37.

[33] FUJINAMI H,TAKUMA T,YASHIMA M,et al. Mechanism and effect of DC charge accumulation on SF$_6$ gas insulated spacers[J]. IEEE Transactions on Power Delivery,1989,4(3): 1765-1772.

[34] FUJINAMI H, YASHIMA M, TAKUMA T. Mechanism of the charge accumulation on gas insulated spacers under DC stress[C]//5th Internal Symposium on High Voltage Engineering.[S. l. :s. n.],1987: 13. 02/1-13. 02/4

[35] NAKANISHI K,YOSHIOKA A,SHIBUYA Y,et al. Charge accumulation on spacer surface at DC stress in compresses SF$_6$ gas[M]//Gaseous Dielectrics Ⅲ. New York: Pergamon Press,1982: 365-373.

[36] NAKANISHI K,YOSHIOKA A,ARAHATA Y,et al. Surface charging on epoxy spacer at DC stress in compressed SF$_6$ gas[J]. IEEE Power Engineering Review,1983,PER-3(12): 46.

[37] Cooke C M,Wootton R E. Influence of particles on AC and DC electrical performance of gas insulated systems at extra-high-voltage [J]. IEEE Transactions on Power Apparatus and Systems,1977,96(3): 768-777.

[38] MANGELSDORF C W,COOKE C M. Static charge accumulated by epoxy post insulation stressed at high DC voltage[C]//Annual Repost of Conference on Electrical Insulation and Dielectric Phenomena. 1978: 220-227.

[39] COOKE C M. Changing of insulator surface by ionization and transport in gases [J]. IEEE Transactions on Electrical Insulation,1982,17(2): 172-178.

[40] MANGELSDORT C W,COOK C M. Bulk charging of epoxy insulation under DC stress[C]//IEEE 1980 International Symposium on Electrical Insulation. [S. l. : s. n.],1980: 146-149.

[41] KUMADA A,OKABE S. Charge distribution measurement on a truncated cone spacer under DC voltage[J]. IEEE Transactions on Dielectrics and Electrical Insulation,2004,11(6): 929-938.

[42] OKABE S,KUMADA A. Measurement methods of accumulated electric charges on spacer in gas insulated switchgear[J]. IEEE Transactions on Power Delivery, 2007,22(3): 1547-1556.

[43] IWABUCHI H, DONEN T, MATSUOKA S, et al. Influence of surface-conductivity nonuniformity on charge accumulation of GIS downsized model spacer under DC field application[J]. Electrical Engineering in Japan,2012, 181(2): 29-36.

[44] IWABUCHI H,MATSUOKA S, KUMADA A, et al. Influence of tiny metal particles on charge accumulation phenomena of GIS model spacer in high-pressure

SF$_6$ gas[J]. IEEE Transactions on Dielectrics and Electrical Insulation, 2013, 20(5): 1895-1901.

[45] LUTZ B, KINDERSBERGER J. Surface charge accumulation on cylindrical polymeric model insulators in air: Simulation and measurement [J]. IEEE Transactions on Dielectrics and Electrical Insulation, 2011, 18(6): 2040-2048.

[46] WINTER A, KINDERSBERGER J. Stationary resistive field distribution along epoxy resin insulators in air under DC voltage [J]. IEEE Transactions on Dielectrics and Electrical Insulation, 2012, 19(5): 1732-1739.

[47] WINTER A, KINDERSBERGER J. Transient field distribution in gas-solid insulation systems under DC voltages[J]. IEEE Transactions on Dielectrics and Electrical Insulation, 2014, 21(1): 116-128.

[48] TENZER M, HINRICHSEN V, WINTER A, et al. Compact gas-solid insulation systems for high-field-stress in HVDC applications[C]//Cigré Study Committee B3 & Study Committee D1 Colloquium, Brisbane. [S. l. : s. n.], 2013: No. D1_227.

[49] WINTER A, KINDERSBERGER J, TENZER M, et al. Solid/Gaseous insulation systems for compact HVDC solutions[C]//Cigré Session 45. [S. l. : s. n.], 2014: D1_103.

[50] LEDERLE C H, KINDERSBERGER J. Surface charge decay on insulators in air and sulfurhexafluorid-Part I: Simulation [J]. IEEE Transactions on Dielectrics and Electrical Insulation, 2008, 15(4): 941-948.

[51] LEDERLE C H, KINDERSBERGER J. Surface charge decay on insulators in air and sulfurhexafluorid-Part II: Measurements [J]. IEEE Transactions on Dielectrics and Electrical Insulation, 2008, 15(4): 949-957.

[52] SCHUELLER M. Role and impact of different charge sources on surface charge accumulation in gas insulated HVDC systems[D]. Zurich: ETH Zurich, 2014.

[53] STRAUMANN U, SCHUELLER M, FRANCK C M. Theoretical investigation of HVDC disc spacer charging in SF$_6$ gas insulated systems[J]. IEEE Transactions on Dielectrics and Electrical Insulation, 2012, 19(6): 2196-2205.

[54] SCHUELLER M, STRAUMANN U, FRANCK C M. Role of ion sources for spacer charging in SF$_6$ gas insulated HVDC systems[J]. IEEE Transactions on Dielectrics and Electrical Insulation, 2014, 21(1): 352-359.

[55] SCHUELLER M, GREMAUD R, DOIRON C B, FRANCK C M. Micro discharges in HVDC gas insulated systems[J]. IEEE Transactions on Dielectrics and Electrical Insulation, 2015, 22(5): 2879-2888.

[56] ZHU F, FOURACRE R A, FAIRISH O. Investigations of surface charging of DC insulator spacers[C]//IEEE Conference on Electrical Insulation and Dielectric Phenomena. [S. l. : s. n.], 1995: 428-431.

[57] 刘志民, 邱毓昌, 冯允平. 对绝缘子表面电荷积聚机理的讨论[J]. 电工技术学报,

1999,14(2): 65-68.

[58]　汪沨,邱毓昌,张乔根,等.冲击电压作用下影响表面电荷积聚过程的因素分析
　　　　[J].电工技术学报,2001,16(5): 51-54.

[59]　汪沨,张乔根,罗毅,等.直流电压作用下绝缘子表面电荷积聚的研究[J].西安交
　　　　通大学学报,2002,36(4): 339-343.

[60]　汪沨.绝缘子表面电荷积聚及其对沿面闪络特性影响的研究[D].西安:西安交
　　　　通大学,2003.

[61]　WANG F, QIU Y, PFEIFFER W, et al. Insulator surface charge accumulation
　　　　under impulse voltage[J]. IEEE Transactions on Dielectrics and Electrical
　　　　Insulation,2004,11(5): 847-854.

[62]　汪沨,方志,邱毓昌.高压直流 GIS 中绝缘子的表面电荷积聚的研究[J].中国电
　　　　机工程学报,2005,25(3): 105-109.

[63]　刘文静,汪沨,张宪标.GIS 中绝缘子表面电荷积聚的观测与分析[J].高电压技
　　　　术,2008,34(8): 1573-1577.

[64]　丁立健,李成榕,王景春,等.真空中绝缘子沿面预闪络现象的研究[J].中国电机
　　　　工程学报,2001,21(9): 27-32.

[65]　丁立健.真空中绝缘子沿面预闪络和闪络现象的研究[D].北京:华北电力大
　　　　学,2001.

[66]　齐波,高春嘉,邢照亮,等.直流/交流电压下 GIS 绝缘子表面电荷分布特性[J].
　　　　中国电机工程学报,2016,36(21): 5990-6001.

[67]　齐波,高春嘉,赵林杰,等.交/直流电压下气体绝缘变电站盆式绝缘子表面电荷
　　　　对闪络电压的影响[J].高电压技术,2017,43(3): 915-922.

[68]　齐波,高春嘉,邢照亮,等.操作冲击电压下 GIS 绝缘子表面电荷的积聚特性[J].
　　　　中国电机工程学报,2017,37(15): 4538-4547.

[69]　王强.直流电压下盆式绝缘子表面电荷积聚的研究[D].北京:清华大学,2012.

[70]　WANG Q, ZHANG G, WANG X. Characteristics and mechanisms of surface
　　　　charge accumulation on cone-type insulator under DC voltage [J]. IEEE
　　　　Transactions on Dielectric and Electrical Insulation,2012,19(1): 150-155.

[71]　王邸博,唐炬,刘凯.直流高压下 GIS 支柱绝缘子表面电荷积聚特性[J].高电压
　　　　技术,2015,9(41): 3073-3081.

[72]　王邸博,唐炬,陶加贵,杨景刚.直流电压下闪络及电晕后聚合物表面电荷积聚特
　　　　性[J].高电压技术,2015,11(41): 3618-3627.

[73]　高宇.聚合物电介质表面电荷动态特性研究[D].天津:天津大学,2009.

[74]　高宇,门业堃,杜伯学,等.表面电荷对典型聚合物绝缘材料直流闪络电压的影响
　　　　[J].高电压技术,2015,41(5): 1474-1480.

[75]　穆海宝.交流电压下针板电极聚合物绝缘薄膜表面放电荷分布特性研究[D].
　　　　西安:西安交通大学,2011.

[76]　穆海宝,张冠军,铃木祥太,等.交流电压下聚合物材料表面的电荷分布特性[J].

中国电机工程学报,2010,30(31):130-136.

[77] MERRILL F H,VON HIPPEL A. The atomphysical interpretation of Lichtenberg figures and their application to study of gas discharge phenomena[J]. Journal of Applied Physics,1939,10(12):873-887.

[78] MUROOKA Y,AND KOYAMA S. Nanosecond surface discharge study by using dust figure techniques[J]. Journal of Applied Physics,1973,44(4):1576-1580.

[79] KUMADA A,OKABE S,HIDAKA K. Residual charge distribution of positive surface streamer[J]. Journal of Physics D: Applied Physics,2009,42(9):095209-8.

[80] 唐炬,潘成,王邸博,等.高压直流绝缘材料表面电荷积聚研究进展[J].电工技术学报,2017,32(8):10-21.

[81] KAWASAKI T, ARAI Y, TAKADA T. Two-dimensional measurement of electrical surface charge distribution insulating by electro-optic Pockels effect[J]. Japanese Journal of Applied Physics,1991,30(30):1262-1265.

[82] MU H,ZHANG G,KOMIYAMA Y,et al. Investigation of surface discharges on different polymeric materials under HVAC in atmospheric air [J]. IEEE Transactions on Dielectrics and Electrical Insulation,2011,18(2):485-494.

[83] KUMADA A, AND HIDAKA K. Directly high-voltage measuring system based on pockels effect[J]. IEEE Transactions on Power Delivery, 2013, 28 (3): 1306-1313.

[84] KUMADA A, OKABE S, HIDAKA K. Resolution and signal processing technique of surface charge density measurement with electrostatic probe[J]. IEEE Transactions on Dielectrics and Electrical Insulation,2004,11(1):122-129.

[85] MA G,ZHOU H,LI C,et al. Designing epoxy insulators in SF_6-filled DC-GIL with simulations of ionic conduction and surface charging[J]. IEEE Transactions on Dielectrics and Electrical Insulation,2015,22(6):3312-3320.

[86] GREMAUD R,MOLITOR F,et al. Solid-gas interfaces in DC gas insulated systems[C]//Grenzflächen in elektrischen Isoliersystemen-Beiträge der 4.[S. l.: s. n.],2013.

[87] GREMAUD R,DOIRON C B,BAUR M,et al. Solid-gas insulation in HVDC gas-insulated system: Measurement,modeling and experimental validation for reliable operation[C]//Cigré Session 46.[S. l.:s. n.],2016:D1_101.

[88] OKABE S. Phenomena and mechanism of electric charges on spacers in gas insulated switchgears [J]. IEEE Transactions on Dielectrics and Electrical Insulation,2007,14(1):46-52.

[89] ZHOU H, MA G, LI C, et al. Impact of temperature on surface charges accumulation on insulators in SF_6-filled DC-GIL [J]. IEEE Transactions on Dielectrics and Electrical Insulation,2017,24(1):601-610.

[90] LUTZ B,KINDERSBERGER J. Influence of the relative humidity on the DC

potential distribution of polymeric cylindrical model insulators [C]//IEEE International Conference on Condition Monitoring and Diagnosis. [S. l. : s. n.], 2010: 541-544.

[91] ELKHODARY S M,HACKAM R. Generation of surface charges on an insulator in SF$_6$ gas [C]//IEEE Conference on Electrical Insulation and Dielectric Phenomena. [S. l. :s. n.],1993: 336-342.

[92] DE LORENZI A,GRANDO L,PESCE A,et al. Modeling of epoxy resin spacers for the 1 MV DC gas insulated line of ITER neutral beam injector system[J]. IEEE Transactions on Dielectrics and Electrical Insulation,2009,16(1): 77-87.

[93] 高宇,杜伯学. 环氧树脂表面电荷的消散特性及伽马线辐射的影响[J]. 高电压技术,2012,38(4): 824-830

[94] 高宇,杜伯学. 伽马线辐射对环氧树脂表面电荷积聚特性的影响[J]. 高分子材料科学与工程,2012,28(11): 46-49.

[95] ZHANG B,GAO W,QI Z,et al. Inversion algorithm to calculate charge density on solid dielectric surface based on surface potential measurement[J]. IEEE Transactions on Instrumentation and Measurement,2017,66(12): 3316-3326.

[96] 付洋洋,王强,张贵新,等. 基于表面电位测量的表面电荷反演计算[J]. 高电压技术,2013,39(1): 8-95.

[97] 林川杰,李传扬,张贵新,等. 盆式绝缘子表面电荷反演算法综述及展望[J]. 中国电机工程学报,2016,36(24): 6654-6663.

[98] VOLPOV E. Dielectric strength coordination and generalized spacer design rules for HVAC/DC SF$_6$ gas insulated systems[J]. IEEE Transactions on Dielectrics and Electrical Insulation,2004,11(6): 949-963.

[99] VOLPOV E. HVDC gas insulated apparatus: Electric field specificity and insulation design concept[J]. IEEE Electrical Insulation Magazine,2002,18(2): 7-36.

[100] 刘亚强,安振连,仓俊,等. 氟化时间对环氧树脂绝缘子表面电荷积累的影响[J]. 物理学报,2012,61(15): 158201.

[101] 马云飞,章程,李传扬,等. 重频脉冲放电等离子体处理聚合物材料加快表面电荷消散的实验研究[J]. 中国电机工程学报,2016,36(6): 1731-1738.

[102] MACIEJ A N. Non-contact surface charge/voltage measurements [R]. Trek Application Note,Number 3001,2002: 1-8.

[103] FOORD T R. Measurement of the distribution of surface electric charge by use of a capacitive probe[J]. Journal of Physics E: Scientific Instruments,1969,2: (5): 411-413.

[104] DAVIES D K. Examination of the electrical properties of insulators by surface charge measurement [J]. Journal of Scientific Instruments,1967,44 (7): 521-524.

[105] SPECHT H. Oberflächcnladungen bei Rotatians-symmetrischen Isolierstoffkörpern [J]. ETZ-A,1976,97: 474-476.

[106] SUDHAKAR C E,SRIVASTAVA K D. Electric field computation from probe measurements of charge on spacers subjected to impulse voltages[C]//5th International Symposium on High Voltage Engineering. [S. l. : s. n.],1987: 33. 14.

[107] PEDERSEN A. On the electrostatics of probe measurements of surface charge densities, Gaseous Dielectrics V [M]. New York: Pergamon Press, 1987: 235-240.

[108] RERUP T O,CRICHTON G C,MCALLISTER I W. Using the λ function to evaluate probe measurements of charged dielectric surfaces [J]. IEEE Transactions on Dielectrics and Electrical Insulation,1996,3(6): 770-777.

[109] FAIRCLOTH D C, ALLEN N L. High resolution measurements of surface charge densities on insulator surfaces[J]. IEEE Transactions on Dielectrics and Electrical Insulation,2003,10(2): 285-290.

[110] MU H,ZHANG G. Calibration algorithm of surface charge density on insulating materials measured by Pockels technique[J]. Plasma Science & Technology, 2011,13:(6): 645-650.

[111] 刘继军. 不适定问题的正则化方法及应用[M]. 北京:科学出版社,2005.

[112] PRATT W K. Digital image processing[M]. New York: John Wiley & Sons,1978.

[113] HANSEN P C,O' LEARY D P. The use of the L-curve in the regularization of discrete ILL-posed problems[J]. SIAM Journal on Scientific Computing,1993, 14(6): 1487-1503.

[114] SCHAFFERT R M. Electrophotography[M]. London: Focal Press,1965.

[115] TATEMATSU A, HAMADA S, TAKUMA T. Estimation of charge distribution on a bulky solid dielectric using regularization technique[J]. IEEJ Transactions on Fundamentals and Materials,2006,125(10): 799-810.

[116] BRACEWELL R. Fourier analysis and imaging, Chapter 6: The two-dimensional convolution theorem[M]. New York: Springer,2003.

[117] 穆海宝,张冠军,郑楠,等. Pockels 效应表面电荷测量中电荷反演算法的研究 [J]. 中国电机工程学报,2011,31(13): 135-141.

[118] MINAGUCHI D,GINUO M,ITAKA K. Heat transfer characteristics of gas insulated transmission lines[J]. IEEE Transactions on Power Delivery, 1986, 6(1): 2-9.

[119] BOGGS S A,WIEGART N. Influence of experimental conditions on dielectric properties of SF_6-insulated systems-theoretical considerations [M]. Gaseous Dielectrics IV,New York: Pergamon Press,1984.

[120] SIROTINSKI L I. Hochspannungstechnik-Band 1: Gasentladungen[M]. Berlin:

VEB Verlag Technik,1955.

[121] FORBES R G. Extraction of emission parameters for large-area field emitters, using a technically complete Fowler-Nordheim-type equation[J]. Nanotechnology, 2012,23(9): 1-12.

[122] HACKAM R. Determination of the electric field enhancement factor and crater dimensions in aluminum from scanning electron micrographs[J]. Journal of Applied Physics,1974,45(1): 114-118.

[123] ZAVATTONI L, LESAINT Q, GALLOT-LAVALLÉE O. Surface resistance measurements on epoxy composites[J]. IEEE International Conference on Solid Dielectrics,2013: 370-373.

[124] IEDA M, SAWA G, SHINOHARA I. A decay process of surface electric charges across poyethylene film[J]. Journal of Applied Physics,1967,6(6): 793-794.

[125] WINTLE H J. Surface-charge decay in insulators with nonconstant mobility and with deep trapping[J]. Journal of Applied Physics,1972,43(7): 2927-2930.

[126] COELHO R, LEVY L, SARRAIL D. On the natural decay of corona charged insulating sheets[J]. Physica Status Solidi,1986,94(1): 289-298.

[127] MOLINIÉ P, GOLDMAN M, GATELLET J. Surface potential decay on corona-charged epoxy samples due to polarization processes[J]. Journal of Physics D: Applied Physics,1995,28(8): 1601-1610.

[128] KUMARA S, MA B, SERDYUK Y V, et al. Surface charge decay on HTV silicone rubber: Effect of material treatment by corona discharges[J]. IEEE Transactions on Dielectrics and Electrical Insulation,2012,19(6): 2189-2195.

[129] LEAL FERREIRA G F, FIGUEIREDO M T. Corona charging of electrets: Models and results[J]. IEEE Transactions on Dielectrics and Electrical Insulation,1992,27(4): 719-738.

[130] SESSLER G M, ALQUIÉ C, LEWINER J. Charge distribution in Teflon FEP (fluoroethylene-propylene) negatively corona-charged to high potentials[J]. Journal of Applied Physics,1992,71(5): 2280-2284.

[131] BATRA I P, KANAZAWA K D, SEKI H. Discharge characteristics of photoconducting insulators[J]. Journal of Applied Physics, 1970, 41 (8): 3416-3422.

[132] PERRIN C, GRISERI V, INGUIMBERT C, et al. Analysis of internal charge distribution in electron irradiated polyethylene and polyimide films using a new experimental method[J]. Journal of Physics D: Applied Physics,2008,41(20): 205417-8.

[133] KUMARA S, SERDYUK Y V, GUBANSKI S M. Surface charge decay on polymeric materials under different neutralization modes in air[J]. IEEE Transactions on Dielectrics and Electrical Insulation,2011,18(5): 1779-1788.

[134] MOLINIÉ P. A review of mechanisms and models accounting for surface potential decay[J]. IEEE Transactions on Plasma Science, 2012, 40 (2): 167-176.

[135] 杨凯, 郑楠, 等. 固体绝缘介质表面陷阱参数的分析[J]. 高电压技术, 2007, 33(9): 13-16.

[136] TEYSSÈDRE G, LAURENT C. Charge transport modeling in insulating polymers: from molecular to macroscopic scale[J]. IEEE Transactions on Dielectrics and Electrical Insulation, 2005, 12(5): 857-875.

[137] LI J, ZHOU F, MIN D, et al. Theenergy distribution of trapped charges in polymers based on isothermal surface potential decay model[J]. IEEE Transactions on Dielectrics and Electrical Insulation, 2015, 22(3): 1723-1732.

[138] SIMMONS J G, TAM M C. Theory of isothermal currents and the direct determination of trap parameters in semiconductors and insulators containing arbitrary trap distributions[J]. Physical Review B, 1973, 7(8): 3706-3713.

[139] SIMMONS J G, TAYLOR G W. High-field isothermal currents and thermally stimulated currents in insulators having discrete trappinglevels[J]. Physical Review B, 1972, 5(4): 1619-1629.

[140] 杨凯, 张冠军, 赵文彬, 等. 聚合物绝缘材料表面陷阱与电致发光现象研究[J]. 中国电机工程学报, 2008, 28(7): 148-153.

[141] CHEN G. A new model for surface potential decay of corona-charged polymers [J]. Journal of Physics D: Applied Physics, 2010, 43(5): 055405-7.

[142] SHEN W, MU H, ZHANG G, et al. Identification of electron and hole trap based on isothermal surface potential decay model[J]. Journal of Applied Physics, 2013, 113(8): 083706-6.

[143] CHEN G, XU Z. Charge trapping and detrapping in polymeric materials[J]. Journal of Applied Physics, 2009, 106(12): 123707.

[144] CAO Y, IRWIN P C, YOUNSI K. The future of nanodielectrics in the electrical power industry[J]. IEEE Transactions on Dielectrics and Electrical Insulation, 2004, 11(5): 797-807.

[145] TANAKA T. Dielectric nanocomposites with insulating properties[J]. IEEE Transactions on Dielectrics and Electrical Insulation, 2005, 12(5): 914-928.

[146] SINGHA S, THOMAS M J, KULKARNI A. Complex permittivity characteristics of epoxy nanocomposites at low frequencies [J]. IEEE Transactions on Dielectrics and Electrical Insulation, 2010, 17(4): 1249-1258.

[147] PICU R C, RAKSHIT A. Dynamics of free chains in polymer nanocomposites [J]. Journal of Chemical Physics, 2007, 126(14): 144909.

[148] STERNSTEIN S S, ZHU A J. Reinforcement mechanism of nanofilled polymer melts as elucidated by nonlinear viscoelastic behavior[J]. Macromolecules, 2002,

35(19)：7262-7273.

[149] DISSADO L A,HILL R M. Anomalous low frequency dispersion. A near DC conductivity in disordered low dimensional materials[J]. Journal of the Chemical Society Faraday Transactions II,1984,80(3)：291-319.

[150] TANAKA T,KOZAKO M,et al. Proposal of a multi-core model for polymer nanocomposite dielectrics[J]. IEEE Transactions on Dielectrics and Electrical Insulation,2005,12(4)：669-681.

[151] LI S,YIN G, BAI S, et al. A new potential barrier model in epoxy resin nanodielectrics[J]. IEEE Transactions on Dielectrics and Electrical Insulation, 2011,18(5)：1535-1543.

[152] 谢东日,闵道敏,刘文凤,等. 介质击穿与界面区陷阱特性的关联[J]. 高电压技术,2018,44(2)：432-439.

[153] DISSADO L A,FOTHERGILL J C. Electrical Degradation and Breakdown in Polymers[Z]. London：Peter Peregrinus Ltd. ,1992.

[154] WANG W, MIN D, LI S. Understanding the conduction and breakdown properties of polyethylene nanodielectrics：Effect of deep traps [J]. IEEE Transactions on Dielectrics and Electrical Insulation,2016,23(1)：564-572.

[155] YUE Y, ZHANG C, et al. Rheological behaviors of fumed silica filled polydimethyl-siloxane suspensions[J]. Composites Part A-Applied Science and Manufacturing,2013,53(19)：152-159.

[156] 李红晋. 富勒烯 C_{60} 物理、化学性质的研究进展[J]. 山西化工,2004,24(4)：11-13.

[157] THOMPSON B C,FRECHET J M J. Organic photovoltaics-polymer-fullerene composite solar cells [J]. Angewandte Chemie-International Edition, 2008, 47(1)：58-77.

[158] 吕劲,章立源. 掺杂 C_{60} 超导的电子结构、物理性质及其超导机制[J]. 固体电子学研究与进展. 1999,19(1)：1-12.

[159] HERMANN H,ZAGORODNIY K,TOUZIK A,et al. Computer simulation of fullerene-based ultra-low k dielectrics[J]. Microelectronic Engineering,2005, 82(3)：387-392.

[160] JARVID M,JOHANSSON A, KROON R,et al. A new application area for fullerenes：Voltage stabilizers for power cable insulation[J]. Advanced Materials, 2015,27(5)：897-902.

[161] THOMPSON B, FRECHET J. Organic photovoltaics-polymer-fullerene composite solar cells [J]. Angewandte Chemie-International Edition, 2008, 47(1)：58-77.

[162] AAL N A,EL-TANTAWY F,AL-HAJRY A,et al. New antistatic charge and electromagnetic shielding effectiveness from conductive epoxy/plasticized carbon

black composites[J]. Polymer Composites,2008,29(2): 125-132.

[163] KHARITONOV A P. Direct fluorination of polymers-from fundamental research to industrial applications[J]. Progress in Organic Coatings,2008,61(2-4): 192-204.

[164] 刘亚强,安振连. 表层氟化环氧树脂的表面电导率和吸水性[J]. 绝缘材料, 2014,47(6): 39-42.

[165] LIU Y,LI L,DU X. Effect of fluorination on the surface electrical properties of epoxy resin insulation[J]. Applied Physics A,2015,118(2): 757-762.

[166] CHERDOUD-CHIHANI A,MOUZALI M,ABADIE M. Study of crosslinking acid copolymer/DGEBA systems by FTIR[J]. Journal of Applied Polymer Science,2003,87(13): 2003-2051.

[167] LI C, QI S, ZHANG D. Thermal degradation of environmentally friendly phenolic resin/Al_2O_3 hybrid composite[J]. Journal of Applied Polymer Science, 2010,115(6): 3675-3679.

[168] ZAINUDDIN S, HOSUR MV, ZHOU Y, et al. Durability studies of montmorillonite clay filled epoxy composites under different environmental conditions[J]. Materials Science and Engineering A,2009,507(1-2): 117-123.

[169] 孙维林,王铁军,刘庆旺. 黏土理化性能[M]. 北京:地质出版社,1992.

[170] 柳翱,李海东,程凤梅. PVA/MMT 纳米复合材料的制备及性能表征[J]. 长春工业大学学报,2008,29(2): 129-134.

[171] 高秋明,王启刚,陈云霞. 二维层状空旷结构材料的研究与展望[J]. 世界科技研究与发展,2002,24(6): 36-41.

[172] DING F, LIU J, ZENG S, et al. Biomimetic nanocoatings with exceptional mechanical, barrier, and flame-retardant properties from large-scale one-step coassembly[J]. Science Advances,2017,3(7): e1701212.

[173] TOMER V,POLIZOS G,RANDALL C A, et al. Polyethylene nanocomposite dielectrics: Implications of nanofiller orientation on high field properties and energy storage[J]. Journal of Applied Physics,2011,109(7): 074113.

[174] GAO W,ZHENG Y,SHEN J,et al. Electrical properties of polypropylene-based composites controlled by multilayered distribution of conductive particles[J]. ACS Applied Materials Interfaces,2015,7(3): 1541-1549.

[175] GEFLE O S,LEBEDEV S M,USCHAKOV V. The mechanism of the barrier effect in solid dielectrics[J]. Journal of Physics D: Applied Physics, 1997, 30(23): 3267-3273.

[176] FILLERY S P,KOERNER H,DRUMMY L, et al. Nanolaminates: Increasing dielectric breakdown strength of composites[J]. ACS Applied Materials & Interfaces,2012,4(3): 1388-1396.

在学期间发表的学术论文与研究成果

发表的学术论文

[1] **Boya Zhang**, Qiang Wang, Guixin Zhang, Shanshan Liao. Experimental study on the emission spectra of microwave plasma at atmospheric pressure. Journal of Applied Physics, 2014, 115(4): 043302. (SCI 收录)

[2] **Boya Zhang**, Qiang Wang, Guixin Zhang, Shanshan Liao, Zhong Wang, Guobin Li. Preparation of iron nanoparticles from iron pentacarbonyl by atmospheric microwave plasma. Plasma Science and Technology, 2015, 17(10): 876-880. (SCI 收录)

[3] **Boya Zhang**, Guixin Zhang, Qiang Wang, Chuanyang Li, Jinliang He. Suppression of surface charge accumulation on Al_2O_3-filled epoxy resin insulator under dc voltage by direct fluorination. AIP Advances, 2015, 5(12): 127207. (SCI 收录)

[4] **Boya Zhang**, Guixin Zhang. Interpretation of the surface charge decay kinetics on insulators with different neutralization mechanisms. Journal of Applied Physics, 2017, 121(10): 105105. (SCI 收录)

[5] **Boya Zhang**, Zhe Qi, Guixin Zhang. Charge accumulation patterns on spacer surface in HVDC gas-insulated system: dominant uniform charging and random charge speckles. IEEE Transactions on Dielectrics and Electrical Insulation, 2017, 24(2): 1229-1238. (SCI 收录)

[6] **Boya Zhang**, Wenqiang Gao, Zhe Qi, Qiang Wang, Guixin Zhang. Inversion algorithm to calculate charge density on solid dielectric surface based on surface potential measurement. IEEE Transactions on Instrumentation and Measurement, 2017, 66(12): 3316-3326. (SCI 收录)

[7] **Boya Zhang**, Wenqiang Gao, Pengfei Chu, Zhong Zhang, Guixin Zhang. Trap-modulated carrier transport tailors the dielectric properties of alumina/epoxy nanocomposites. Journal of Materials Science: Materials in Electronics, 2018, 29(3): 1964-1974. (SCI 收录)

[8] **Boya Zhang**, Nenad Uzelac, Yang Cao. Fluoronitrile/CO_2 mixture as an eco-friendly alternative to SF_6 for medium voltage switchgears. IEEE Transactions on Dielectrics and Electrical Insulation, 2018, 25(4): 1340-1350. (SCI 收录)

[9] **Boya Zhang**, Wenqiang Gao, Yicen Hou, Guixin Zhang. Surface charge accumulation and suppression on fullerene-filled epoxy-resin insulator under DC voltage. IEEE Transactions on Dielectrics and Electrical Insulation, 2018, 25(5): 2011-2019. (SCI 收录)

[10] **Boya Zhang**, Qiang Wang, Yunxiao Zhang, Wenqiang Gao, Yicen Hou, Guixin Zhang. A self-assembled, nacre-mimetic, nano-laminar structure as a superior charge dissipation coating on insulators for HVDC gas-insulated. Nanoscale, 2019, 11(39): 18046. (SCI 收录)

[11] Qiang Wang, Lingyun Hou, Guixin Zhang, **Boya Zhang**, Cheng Liu, Jian Huang, Zhi Wang. Using ITO material to implement the imaging of microwave plasma ignition process. Applied Physics Letters, 2014, 104(7): 074107. (SCI 收录)

[12] Chuanyang Li, Jun Hu, Chuangjie Lin, **Boya Zhang**, Guixin Zhang, Jinliang He. Fluorine gas treatment improves surface degradation inhibiting property of alumina-filled epoxy composite. AIP Advances, 2015, 6(2): 025017. (SCI 收录)

[13] Chuanyang Li, Jun Hu, Chuanjie Lin, **Boya Zhang**, Guixin Zhang, Jinliang He. Surface charge migration and dc surface flashover of surface-modified epoxy-based insulators, Journal of Physics D: Applied Physics, 2017, 50(6): 065301. (SCI 收录)

[14] **Boya Zhang**, Zhe Qi, Guixin Zhang. Thermal gradient effects on surface charge of HVDC spacer in gas insulated system. 2016 IEEE Conference on Electrical Insulation and Dielectric Phenomena, Toronto, Canada, 2016, 703-706. (EI 收录)

[15] **Boya Zhang**, Zongze Li, Ming Ren, Jingjing Liu, Thomas Moran, Bryan Huey. A superior nanolaminate dielectric barrier coating for high breakdown strength. 2017 IEEE Conference on Electrical Insulation and Dielectric Phenomena, Fort Worth, USA, 2017, 461-464. (EI 收录)

[16] **Boya Zhang**, Zhe Qi, Wenqiang Gao, Guixin Zhang. Accumulation characteristics of surface charge on a cone-type model insulator under DC voltage. 2018 IEEE International Conference on High Voltage Engineering and Application, Athens, Greece, 2018, 1-4. (EI 收录)

[17] **Boya Zhang**, Nenad Uzelac, Yang Cao. Comparison of partial discharges in SF_6 and fluoronitrile/CO_2 gas mixtures. CIGRE-2017 Grid of the Future Symposium, Cleveland, OH, USA, 2017.

[18] **Boya Zhang**, Qiang Wang, Guixin Zhang, Measurement and modeling of surface charge accumulation on insulators in HVDC GIL. 9th International Conference on Power Insulated Cables(Jicable'15), Versailles, France, 2015, F2. 25. published in CIGRE Science & Engineering, 2015, 3: 81-88.

[19] **张博雅**, 王强, 张贵新. 直流电压下聚合物表面电荷测量方法及积聚特性. 中国电机工程学报, 2016, 36(24): 6664-6674. (EI 收录)

[20] **张博雅**,王强,张贵新,等.SF$_6$中绝缘子表面电荷积聚及其对直流 GIL 闪络特性的影响.高电压技术,2015,41(5):1481-1487.(EI 收录)

[21] 张贵新,**张博雅**,王强,等.高压直流 GIL 中盆式绝缘子表面电荷积聚与消散的实验研究.高电压技术,2015,41(5):1430-1436.(EI 收录)

[22] 高文强,**张博雅**,张贵新.硅橡胶材料表面电荷消散现象.高电压技术,2017,43(2):468-475.(EI 收录)

[23] **张博雅**,张贵新.直流 GIL 中固-气界面电荷特性研究综述 I:测量技术及积聚机理[J].电工技术学报,2018,33(20):4649-4662.(EI 收录)

[24] **张博雅**,张贵新.直流 GIL 中固-气界面电荷特性研究综述 II:电荷调控及抑制策略[J].电工技术学报,2018,33(22):5145-5158.(EI 收录)

[25] **张博雅**,张贵新,高文强,等.固-气界面电荷消散特性及其动力学过程[J].中国电机工程学报,2018,2019,39(8):2477-2488.(EI 收录)

[26] 齐波,张贵新,李成榕,高春嘉,**张博雅**,陈铮铮.气体绝缘金属封闭输电线路的研究现状及应用前景.高电压技术,2015,41(5):1466-1473.(EI 收录)

[27] 廖珊珊,王强,**张博雅**,王仲,王博然,张贵新.微波等离子体炬反应区的冷模测量与仿真.高电压技术,2014,40(1):262-268.(EI 收录)

[28] Chuanyang Li,Jinliang He,Jun Hu,**Boya Zhang**,Guixin Zhang. Dynamic observation of DC surface charge dissipation for epoxy-resin/alumina composite. IEEE 11th International Conference on the Properties and Applications of Dielectric Materials,Sydney,Australia,2015,360-363.(EI 收录)

[29] Shanshan Liao,Qiang Wang,**Boya Zhang**,Guixin Zhang. The development of microwave plasma device for nanoparticles preparation. 2013 IEEE International Conference on Plasma Science,San Francisco,USA,2013.(EI 收录)

获得的奖励

2015 年 6 月,论文[18]在第 9 届国际电力电缆会议(Ji'cable)上获得青年学者大赛(Young Researcher Contest)第二名.

2015 年 10 月,获研究生国家奖学金.

2017 年 10 月,获研究生国家奖学金.

2018 年 4 月,获清华大学电机系第十三届"学术新秀"荣誉称号.

2018 年 7 月,获清华大学优秀博士学位论文二等奖.

2018 年 7 月,被评为北京市优秀毕业生.

参与的主要科研项目

[1] 2014.01~2018.08,国家重点基础研究发展计划("973"计划)"大容量直流电缆输电和管道输电关键基础研究"子课题 2:"环境友好混合气体绝缘介质及气-固界

面电荷的动力学过程和消散方法",课题编号：2014CB239502.

[2] 2016.07～2020.06,国家重点研发计划"±1100 kV 直流输电关键技术研究与示范"子课题 2："±1100 kV 直流换流站绝缘子与外绝缘关键技术研究",课题编号：2016YFB0900802.

[3] 2017.07～2020.06,国家重点研发计划"环保型管道输电关键技术实施方案和管理机制"子课题 3："环保气体中气固材料相容性和界面绝缘性能研究",课题编号：2017YFB0902503.

致　谢

阳春三月，草长莺飞，清华园迎来了一年中最美的时节。恍惚间，自己似乎才分别了家乡长安，转眼又要离开这美丽的园子。九年时光如白驹过隙，来时还是少年，归去已近而立。想必，这时光飞逝的感觉能够印证我生活的充实吧。清华园是一个神奇的地方，它寄托着中国万千学子的梦想，也训诫着一颗颗固执的、骄傲的心灵。或欢喜，或失落，或坚定，或彷徨，或孤立无援，或遂心如意，博士阶段的点点滴滴、酸甜苦辣，如鱼饮水，冷暖自知。庆幸的是，我自认在这五年的博士生涯里，无论在钟灵毓秀的清华园，还是在大洋彼岸的康涅狄格河畔，都未敢虚度半点光阴，没有辜负自己的青春年华和初入清华园时的满腔热情。五年间，我用所有的精力与专业知识去认真设计每一个实验，分析每一组数据，一步一个脚印，最终汇聚成这本沉甸甸的博士学位论文。虽然它可能仍不尽完美，但却凝聚了我所有的心血，真实、不敷衍，也算是为自己多年的求学生涯交上了一份满意的答卷。这一路走来，永远忘不了支持我、教导我、陪伴我的师长、家人与朋友，在此，向你们致以最诚挚的谢意！

首先，衷心感谢导师张贵新教授对我科研上毫无保留的帮助和支持。在本书的选题、设计、实施和写作过程中，张老师给予了我充分的信任和自由，并在关键环节加以具体的指导和帮助，一方面使我能够准确把握研究方向、抓住主要问题，另一方面逐渐培养了我创造性的思维和解决问题的能力。这五年来，张老师对我的博士课题十分关心，在经费支持和设备购置等方面倾力相助，为我提供了良好的科研条件，为我博士学位论文的顺利完成提供了坚实的保障。在此，衷心感谢张老师一直以来对我的教诲和培养！

感谢课题组大师兄王强博士多年来对我的鼓励和帮助。我至今仍清楚地记得王强师兄帮助修改我人生中第一篇 SCI 论文时的认真与负责，那一行行密密麻麻的批注让我终生难忘。正是这篇论文的发表，激发了我对科研工作最初的热情和信心，使我一步步取得今天的成绩。在此向王强师兄表示最诚挚的谢意！

感谢国家留学基金委的资助和张老师的大力支持，让我有机会赴美国康涅狄格大学(University of Connecticut)进行为期一年的合作研究。在美国期间,承蒙 Yang Cao(曹阳)教授的悉心指导和教诲,使我领略到了电介质物理的精妙。曹教授渊博的学识、严谨的工作态度、求是的治学精神和儒雅的学者风范,是值得我今后追求和学习的品质。与曹教授一起工作、一起探讨问题的经历,是我最珍贵的回忆。同时,感谢在康涅狄格大学学习期间,Steven Boggs 教授、Luyi Sun(孙陆逸)教授、Bryan Huey 教授等对我工作上的指导和帮助,感谢实验室主管 JoAnne Ronzello 女士对我实验上的大力协助,感谢课题组 Zongze(李宗泽)、Zhengyu(李正宇)、Monna、Hiep、Mattewos、Jingjing(刘静静)、Lihua(陈丽华)、Jindong(霍金东)等小伙伴们对我工作和生活上热心的帮助和照顾。

在我的学习和科研工作中,得到了气体放电与等离子体实验室罗承沐教授、王新新教授、邹晓兵教授、罗海云副教授以及王鹏老师的关心和指导;也得到了梁曦东教授、刘卫东教授、周远翔教授、何金良教授等电机系其他老师们的帮助;同时,"973"项目组中的李庆民教授、屠幼萍教授、马国明副教授等老师们也为本课题的研究出谋划策,提出了许多宝贵的意见。在此,向他们致谢!

此外,还要感谢同济大学安振连教授在氟化实验上给予的帮助,感谢国家纳米中心张忠教授和褚鹏飞博士在纳米材料改性方面给予的支持,感谢中科院电工所邵涛研究员和章程研究员在绝缘子表面改性方面提供的指导和帮助,感谢平高集团郝留成博士在盆式绝缘子研究方面提供的宝贵意见和建议,感谢泰开集团在绝缘子浇注方面提供的倾力相助。

在我开展实验和撰写论文的过程中,得到了课题组刘永喜博士、王仲博士、付洋洋博士、赵妽博士、毛重阳博士、石桓通博士以及侯凌云、廖姗姗、刘程、高文强、祁喆、邓磊、谢宏、侯易岑、李大雨、梁悠南、陈诚、黄诗洋、王天宇等同学的热情帮助和关心,尤其是祁喆和高文强两位师弟,为我论文中实验平台的搭建和数据的处理等工作提供了大量帮助,在此向他们表示由衷的谢意!

在我攻读博士学位期间,父母一直挂念着我的工作和生活。我生活在一个教师家庭,父母用辛勤的工作和无私的爱培育我的成长,也为我提供了一个宽松、自由的家庭环境,让我可以追求自己的兴趣爱好,他们的付出和支持是我不断努力的动力,让我在科研的道路上不断前行。在此,向我的父母致以最崇高的敬意和最诚挚的感谢!此外,还要感谢我的女朋友多年来的相伴和照顾,她对我的爱和包容支持我一路披荆斩棘,丝毫不敢懈怠,努力完成博士学业。

　　最后,感谢母校清华大学九年来对我的培养和教育,水木清华,钟灵毓秀!回首来时路,满目故园情,我会在今后的工作岗位上谨记母校的教诲,自强不息,厚德载物,立德立言,无问西东!

张博雅

2018 年 6 月于北京清华园